アスリートのための
ソーシャルメディア
活用術

五勝出 拳一、飯髙 悠太、江藤 美帆 著
澤山モッツァレラ、甲斐 雅之 編

はじめに

　本書はアスリートのソーシャルメディア活用術をまとめた、国内初の書籍となります。

　2019年春に開催されたスポーツビジネスイベント「#スポピザ」終わりに、江藤美帆さんから執筆のお誘いをいただき、本書を執筆することになりました。お話をいただいた時は「いやいや、嘘でしょ笑」と話半分に聞いていましたが、紆余曲折を経て『アスリートのためのソーシャルメディア活用術』が完成しました。嘘じゃありませんでした。

　アスリートのSNS活用意欲は年々高まっているものの、なにを・どのように・なぜ発信するのかが分からず、思うように使いこなせていないアスリートが大勢います。

　また、ソーシャルメディアに関する理解が薄いことや、炎上を嫌うことが理由で、アスリートのSNS活用を快く思わないスポーツクラブ関係者も未だに多く見受けられます。

　しかし、アスリートが上手くSNSを活用することで自身のブランディングに寄与するだけでなく、クラブの売上に貢献したり、ファンとのコミュニケーションが生まれることも事実です。

　本書執筆に際しては、アスリートのソーシャルメディア活用の基準となる一冊を作ることをゴールとし、日頃よりアスリートに携わっている著者陣が、それぞれの視点から生の知見や実際の活用事例を余すことな

く盛り込みました。

　マーケティングのプロフェッショナルである飯髙悠太さん、栃木SCでマーケティング戦略部部長を務める江藤美帆さん、Twitter Japanでアスリートを含むスポーツ部門を担当されている北野達也さんのお三方にご協力いただき、総論的な一冊でありながらスポーツ界・アスリートのリアルに迫ることができたと感じています。

- ・なぜアスリートのSNSが武器になるのか？

- ・ソーシャルメディアとSNSはどう違うのか？

- ・増え続けるソーシャルメディアの特徴と使い方は？

- ・個人の情報発信のあり方は今後どう変わっていくのか？

　本書がアスリートのソーシャルメディア活用を促進するきっかけになれば、これ以上に嬉しいことはありません。

　次章以降では、アスリートのソーシャルメディア活用術についてメディアと社会の変遷に触れながらその意義や事例集、炎上を防ぐリスクマネジメント、プラットフォーマーからの意見、SNSマーケティングのスペシャリストからの指摘など、様々な角度から最前線の情報をお届けします。

　本書が起点となって「アスリートのソーシャルメディア活用」に関する理解が進み、アスリートの価値と選択肢が広がっていくことを期待して。

2019年12月　五勝出 拳一

著者プロフィール

五勝出 拳一（ごかつで けんいち） 第1章 第2章 第3章 第6章

株式会社電通テック・電通ライブにてプロモーション領域の仕事に従事した後、株式会社Reviveにて、PR Managerを務める。東京学芸大学では蹴球部に所属し、全日本大学サッカー選抜の主務を経験。現在はアスリートのSNS活用や事業開発のサポートを始め、アスリートの価値と選択肢を広げることを目的として日々活動している。特定非営利活動法人izm 理事。日本で40名の苗字、五勝出。

飯髙 悠太（いいたか ゆうた） 第3章 第4章

株式会社ホットリンク執行役員CMO。
自著は『僕らはSNSでモノを買う』#ウルサス本。
2009年、株式会社クラッチ時代に、Facebookの成長を見越してメディア「ソーシャルメディアのハンパない状況」を立ち上げる。2012年株式会社ハイベロシティに転職。日本のFacebookページ使用者の4分の1に利用されていたFacebookアプリ「Hivelo Social Apps」のマネージャーを務める。2014年株式会社ベーシックでWebマーケティングメディアferret立ち上げにあたり、創刊編集長として参画。立ち上げ4年で37.5万会員に成長。2017年には執行役員に。2019年より株式会社ホットリンクで執行役員CMO（マーケティング責任者）を務め、支援企業のSNSコンサルティングを実施。また、Books&Apps、soar、COUXUなど複数企業のアドバイザーを務める。これまでに東証1部上場企業を含め100社以上のコンサルティングを経験。

江藤 美帆（えとう みほ） 第3章 第5章

株式会社栃木サッカークラブ（Jリーグ所属「栃木SC」）取締役マーケティング戦略部長。米国にて大学卒業後、Microsoft、GoogleなどのIT企業勤務、起業などを経て、広告代理店在籍中にSNSマーケティングに特化したWebメディア「kakeru」を立ち上げ初代編集長に就任。その後、同社にてスマホで写真が売れるアプリ「Snapmart」を企画開発。上場会社への事業譲渡後、スナップマート株式会社代表取締役に就任。2018年5月より現職。Jリーグクラブのマーケティング責任者として所属選手にSNSの使い方などをレクチャーしている。

澤山モッツァレラ(さわやま) 第4章

編集者／コピーライター。スポーツ畑を中心に、15年の編集者経験を経てフリーに。現在は複数企業のブランディングをサポートしつつ、大手企業のPR案件を担うなど職能の枠を超えて幅広く活躍している。

甲斐 雅之(かい まさゆき)

株式会社ベーシックにてフォーム作成管理サービス「formrun（フォームラン）」のプロダクトオーナーを務める傍ら、Webメディアの編集長、ソーシャルメディアを軸としてマーケティング支援に携わる。無類のサッカー好きであり、国内外問わずサッカー観戦が日課。地元の柏レイソルを推し続けており、足繁く応援に駆けつけている。

協 力

北野 達也(きたの たつや) 第6章

Twitter Japan 株式会社 Global Content Partnership,
Senior Partnership Manager, Sports
2014年、Twitter Japan 入社。Twitterのプラットフォームとしての価値を高めるため、スポーツステークホルダーのアカウント開設からマーケティング活用までを多岐に渡りサポートしている。また、スポーツ関連のコンテンツを持つ企業・団体・選手とのパートナーシップ契約を進め、パートナーの動画コンテンツリーチの拡大、そしてTwitter上での動画広告でのマネタイズを推進している。

アスリートのためのSNS

こちらで紹介するご質問は、書籍の発行にあたって11/8〜11/22の期間中にSNS上で実際に募集したものです。お寄せいただきました質問・疑問は本書を読み進めることできっと解決できます。同じ課題感を持つ方は、ぜひそちらの項目から読んでみてください。また、こちらで記載のない質問は書籍内で回答させていただきました。この場を借りて、ご応募いただきました皆様に御礼申し上げます。

Q **どのSNSが応援する人にとって興味を示しやすいですか?** また、投稿する内容は統一してるほうがいいのでしょうか？ A→ 1-1

金弘淵(サッカー、フロント)

Q こんばんは。サッカーのJFL奈良クラブでプレーしてます金弘淵です。アスリートのSNSについて、試合についての発信をすることは比較的簡単だと感じています。ファンの方は、試合以外のことやプライベートのことを見れると競技を見るのがもっと楽しくなるというデータを目にしたんですが、**プライベートの何をどう発信すればいいのかがわからない**でいます。**試合に勝てていないときとか、自分が試合に出れていないときにSNSをしてる場合じゃない**と思われるんじゃないかと不安になることがあります。TwitterとInstagramどっちも同じような内容の投稿になってるんですが、それぞれ違う投稿をした方がいいのかなと思うことがあります。**それぞれの特徴に合った発信のしかた**があれば教えてほしいです。以上です。ありきたりな質問かもしれませんがよろしくお願い致します。 A→ 1-1 第3章 5-4 5-5

玉置大嗣(セパタクロー)

Q セパタクロー日本代表の玉置大嗣と申します！ 今、僕が課題に思っているのは、セパタクローというマイナースポーツを広めたい時に、選手のみんなにもっとSNSを使ってもらうにはどうすればいいか、です。 セパタクローを広めたい！の運用をみんなにやらせようとしても難しいところがありますが、日々の活動報告、告知、結果報告など、もっとやってもらいたいと思ってます！ 言い換えれば、**アスリートがSNSを使うメリットをもっと理解してもらうには？** というのが、課題かもしれないです。メリットデメリットはもう皆さんが発信してくださっていると思うので、それをアスリートの心

に響かせるには？ そこが知りたいです！ よろしくお願いします！　　A⇒ 2-2 4-3

太田真織（チア）

Q Xリーグのオービックシーガルズでチアをやっており、集客施策などチームの運営にも携わっています。

課題感：海外ではチームのアカウントの他にチアも選手も個人で公式アカウントを持つのが主流です。
一方日本はプライバシーの保護やアスリートとして倫理的な観点から自由な発言にリスクを感じるチームが多く、中々個人アカウントを運用するハードルが下がりません。変なこと投稿しないように、などルール決めも曖昧で、、、
しかし、ラグビーワールドカップの代表選手たちのアカウントの投稿は、ファン醸成の一助となったと感じています。
日本でもっとアスリート1人1人がSNSを活用しスポーツの活性化をはかるために、リスクを避けながらも**選手が楽しんでSNSを活用できるような環境づくりが課題**かと感じていますが、そのあたりお話伺いたいです。　　A⇒ 2-3 4-7

橋本光晟（サッカー）

Q 「競技だけに集中しろ。」「他の事なんかやるから結果を出せない。」「わざわざ今やる必要があるのか？」と言った声があります。

自分が思うのはトレーニングできる時間というものは限りがあり、コンディション、筋力の関係などで何時間もできるわけではないと考えています。
その空き時間を利用してやっているので競技には支障がでないと思っているのですがうまく理解してもらえません。
ただテレビを見ていても、ただ友達と遊んでも自分のプラスにはなりませんが、なにか自分で考えてやる事により、いつか自分に返ってくると思っています。
それが**自分の競技に色々な面でプラスになるのではないかと思うのですが、どうでしょうか？**　よろしければご返答お願い致します。　　A⇒ 2-7

斉藤亮太（フレスコボール）

Q はじめまして。フレスコボールというベンチャースポーツの日本代表の斉藤亮太と申します。 今回、アスリートのSNS活用に関する不安、悩みなど、ぜひ送らせて頂きます。フレスコボールは年々成長しているベンチャースポーツですが、メジャースポーツに比べればまだまだマイナーな競技なので、特にSNSを活用した発信活動は必須だと思っています。 SNSを使用する目的としては、ファン（フォロワー）獲得、ビジ

ネス（レッスン、グッズ販売、スポンサー獲得）、普及活動、勉強のアウトプット（プログラミング、動画、ブログなど）をメインとして活用しています。 そこで、悩みなのは、目的が色々あるので、誰をターゲットとして発信していいか分からず、不特定多数に向けて発信している現状があり、活用の仕方が合っているか間違っているかも分かっていませんが、**ターゲット選定のやり方を知り、結果を出す活用方法を知りたい**です。 他のSNSもほぼ全て活用していますが、ほぼ同じ内容をアップしていて、もっと上手く使い分けるにはどうしたらいいのか、**アスリートがSNSを活用する目的としてはどんなケースがあるのか**、まず何から考えて実践していけばいいかなど、周りに同じような状況のマイナースポーツアスリートがいる為、体系的に知れたらとても参考になるアスリートも多いと感じています。 長くなりましたが、ぜひご回答頂ければ幸いでございます。どうぞよろしくお願いいたします。 フレスコボール 斉藤亮太　　A⇒ 2-7　第3章

井上仁（バレー）

Q ソーシャルメディアを活用するにあたって、**これはやっておいた方がいいという事**はありますか？（○○に関する投稿・**プロフィール**についてなど）
A⇒ 2-9

Q 試合告知、結果報告ばかりになってしまう。有名選手じゃない自分が、**SNSで競技のことを広めたくてもどういう発信をしたらいいかわからない**。Twitterの文字数制限をなくしてほしい。
A⇒ 第3章　4-3

Q アスリートがSNSをする目的意識の決定要素は何があるか？ アスリートがSNSを目的無くて起こるリスクは何があるか？ **アスリートがチームでやれと言われ、無理やりやる時に他の人に頼んでも良いか？** アスリートがインスタで写真家の人を雇うにはいくらが相場か？ アスリートがSNSやるときのデメリット全てを教えて下さい。アスリートがSNSで裁判になるケースを可能なかぎり教えて下さい。答えたくない質問にどう対応したらよいか教えて下さい。 私はアスリートを治療でサポートしているものです。
A⇒ 3-18

Q **フォロワーの増やし方**は、1000人までと1万人までで変わりますか？
A⇒ 4-2

Q **マイナースポーツの選手がSNSを始めるにあたって、一番初めにやった方がいいこと**は何ですか？
A⇒ 4-3

Q SNSを活用しようとすると、どうしてもストーカー行為がエスカレートするように思えます。
また、**ファンが掲載した画像が応援するには相応しくないな**、と思うこともあります。
もちろん、**選手の投稿にも、それ必要？！と思うことはあります**（これを買うか迷ってる、みたいな投稿はオネダリ？と思ってしまうことも…）
選手やチームも悩ましいところかと思うのですが、双方がWinWinになって、**そのチームや広くは競技のファンを増やすことが出来るのでしょうか？**

A → 4-3 5-3 5-4

鈴木雅人

Q アスリートを治療しているものです。普段から悩み相談を受けます。
SNSやるかどうか悩んでいて、やるときのリスクを全て把握しないとやらないと言う方が多いです。
リスクってあるといえばあるし、ないといえばないような気がしますが、いかがでしょうか？

A → 5-2 5-3

Q「批判やアンチが怖い」
「結果がでてない事で、投稿しづらい」
「守るべきルールがよくわからない」「返信すべきかよくわからない」 A → 5-4 5-5

Q SNSでの自分への**誹謗中傷など攻撃的な発言を受けた時に気にする気にしない？** 気持ちを持ち直す対策ってしてる？ 一般の人との距離感についてどのような意識をされているか？

A → 5-6

Q アスリートのSNS活用、大いに賛成なのですが、アンチ到着の変な人からの書込みや、炎上があったときのメンタル耐性がある人に限る…ということのような気がします。**日本人向けのメンタル耐性強化や、受け流し方？**のトレーニングも必要ではないでしょうか？

A → 5-6

アスリートのための SNS Q&A

Contents

はじめに 2
著者プロフィール 4
アスリートのための SNS Q&A 6

第 1 章　アスリートのソーシャルメディアは武器になる 13
- **1-1**　ソーシャルメディアと SNS の違いを知ろう　14
- **1-2**　ソーシャルメディアの歴史　16
- **1-3**　スマホネイティブのアスリート　18
- **1-4**　ソーシャルメディアリテラシーのすすめ　21

第 2 章　アスリートがソーシャルメディアを活用する理由 23
- **2-1**　アスリートは現役中がボーナスタイム　24
- **2-2**　アスリートが高めるべき三つの VALUE　27
- **2-3**　激変するアスリートとメディアの関係　33
- **2-4**　共感の集積地＝アスリート　40
- **2-5**　SNS はやるべき……？　43
- **2-6**　SNS で何が変わるか　45
- **2-7**　アスリートがソーシャルメディアを活用する理由　49
- **2-8**　全てのアスリートがソーシャルメディアを活用すべき？　57
- **2-9**　プロフィール設定、アカウント運用　60
- **2-10**　アスリートの SNS は武器になる　64

第 3 章　事例から学ぶソーシャルメディア投稿術 65
- **3-1**　ソーシャルメディアを越えたファンとの関係作り
  武岡優斗選手（サッカー）　68
- **3-2**　選手起点で生み出すファンムーブメント
  籾木結花選手（サッカー）、都倉賢選手（サッカー）　71
- **3-3**　アスリートの特権、スキルシェア
  藤本純季選手（ハンドボール）、横田陽介選手（フリースタイルフットボール）、
  三浦優希選手（アイスホッケー）　74

3-4	ビハインドザシーンは最高のコンテンツ	
	杉本健勇選手(サッカー)、都倉賢選手(サッカー)	77
3-5	試合と連動したサプライズ企画	
	山﨑康晃選手(野球)	80
3-6	地域に愛される投稿術	
	関口訓充選手(サッカー)、菅和範選手(サッカー)	82
3-7	SNSはファンとの交流の場	
	森田真結子選手(ダーツ)、本庄遥選手(ソフトボール)	85
3-8	サイドストーリーで広がるファンの輪	
	町田也真人選手(サッカー)	88
3-9	ファン・サポーターと歩んだ復帰までの道のり	
	早川史哉選手(サッカー)	90
3-10	SNSを通じたファンとの繋がりは、アスリートの資産	
	中井健介選手(フットサル)、安彦考真選手(サッカー)	92
3-11	オフラインで生み出す口コミ(UGC)の力	
	レバンガ北海道(バスケ)	95
3-12	アスリートのYouTube進出	
	伊佐耕平選手(サッカー)、本庄遥選手(ソフトボール)	98
3-13	noteに綴るアスリートの内側	
	芦田創選手(パラ陸上)、今林開人選手(体操)	101
3-14	アスリートの日常生活	
	金正奎選手(ラグビー)	104
3-15	スポーツのビジュアルやシーンを切り取る	
	中井飛馬選手(BMX)、大村奈央選手(サーフィン)、	
	野中生萌選手(クライミング)	107
3-16	ソーシャルメディアを通じて行う意思表明	
	大迫傑選手(陸上)	111
3-17	キャリアを広げる情報発信	
	岡田優介選手(バスケ)、田口元気選手(フットサル)	113
3-18	個人での運用が難しいときは……	
	小林祐希選手(サッカー)	116

3-19	ソーシャルメディアは東京五輪への確かなステップ
	林大成選手（7'sラグビー） ……118

第4章　SNSマーケティングのプロに聞く
「アスリートはソーシャルメディアとどう向き合えばいいのか？」……121

4-1	アカウント運用だけでは不十分 …… 122
4-2	フォロワーを増やすより大事なこと …… 126
4-3	ファンベースがないアスリートは「抽象化せよ」 …… 129
4-4	重要なのは、地域に根付くこと …… 131
4-5	やらなくてもいい選手はいる。けれど。 …… 133
4-6	本当は、「画像つき投稿（UGC）」が良いのだけど。 …… 137
4-7	パーソナルメディアの未来　n:nのチカラ …… 139
4-8	引退した選手が「もう関わりたくない」と思ってしまう理由 …… 142
4-9	「競技を見なくなった元選手」という巨大市場 …… 145

第5章　炎上しないソーシャルメディア発信術 …… 149

5-1	なぜアスリートの投稿は炎上するのか？ …… 150
5-2	「炎上しやすいSNS」と「炎上しにくいSNS」を知る …… 152
5-3	「セーフな炎上」と「アウトな炎上」を知る …… 155
5-4	炎上しやすい「タイミング」を知る …… 159
5-5	アカウント運用のガイドラインを決める …… 161
5-6	批判を上手にかわす方法を知る …… 164
5-7	炎上を延焼させない方法を知る …… 169

第6章　Twitter Japanスポーツ担当者に聞く
「アスリートのソーシャルメディア運用とは？」……173

6-1	Twitter Japanについて …… 174
6-2	スポーツとソーシャルメディアのつながり …… 177
6-3	アスリートとSNS …… 179
6-4	アスリートのTwitter活用術 …… 185

あとがき …… 190

第1章 アスリートのソーシャルメディアは武器になる

1-1
ソーシャルメディアと SNSの違いを知ろう

　本書では「ソーシャルメディア」と「SNS（social networking service）」の二つの単語が頻出するので、改めて言葉の意味と違いに関する認識を揃えておきたいと思います。

　言葉の定義を一言一句覚える必要は決してなく、ざっくりとソーシャルメディアと SNS の関係性を掴んでいただけたら OK です。
　大前提として、SNS はソーシャルメディアの一部に位置付けられます。
　ソーシャルメディアとは多数の人々や組織が参加できる、双方向の情報伝達を目的としたメディアのことであり、SNS を始め、Wikipedia や SNS、動画共有サービス（YouTube 他）、ブログ、掲示板、口コミサイトなどがあります。一方通行のマスメディアと異なり、情報の発信

SNSとソーシャルメディアの違い

者と受信者が繋がっている双方向性が特徴です。

対して、SNS はソーシャルメディアの中でも「コミュニケーション」「つながり」の要素が強いサービスです。

Twitter や Facebook、Instagram や LINE は「コミュニケーション」「つながり」を前提としており、これらのサービスは SNS に位置付けられます。

- **SNS はソーシャルメディアの一部**

- **SNS は「コミュニケーション」「つながり」が目的**

- **ソーシャルメディアは「情報伝達」が目的**

ソーシャルメディアと SNS の関係性については、この 3 点を覚えておきましょう。

それでは数ある SNS の中からどのサービスを選べば良いのでしょうか。先に結論を申し上げると、絶対解はありません。しかし、アスリートと相性の良い SNS は存在します。まずは以下の図でソーシャルメディアの大まかな特徴を掴みましょう。

	使用イメージ	拡散性	情報収集	ファンとの距離
Twitter	日常的な自分の行動や気付きを表現する場所	◎	◎	○
Instagram	自分自分が編集長の雑誌	△	○	◎
Facebook	自分自分の公式リリース	○	○	△
blog	深掘りした自分の思考やストーリーを表現する場所	○	△	○

第 1 章　アスリートのソーシャルメディアは武器になる

1-2
ソーシャルメディアの歴史

　続いて、日本においてソーシャルメディアが普及したプロセスについて少し触れたいと思います。

　日本で広く普及した SNS の先駆けは、2004 年リリースの mixi です。

　続いて、Twitter と Facebook の日本語版は 2008 年、Instagram の日本語版は 2014 年にリリースされました。それから 10 年強が経過した今ではスマートフォンの普及もあいまって、SNS は人々の生活から切っても切り離せない存在となっています。

　生活者および企業が SNS を使用する目的は「情報発信」「情報収集」「広告宣伝」「PR」「ブランディング」「日々の記録」などと多岐に渡ります。国内の月間アクティブユーザー数に目を向けると Facebook は 2,800 万人（2018 年 9 月時点）、Twitter は 4,500 万人超（2018 年 12 月時点）となり、特に Twitter はグローバルに占める日本人ユーザーの割合が高くなっています。

　次図は国内の 2019 年 6 月時点のソーシャルメディア月間アクティブユーザー数[*1]とそれぞれの特徴ですが、日本の総人口 1 億 2000 万強に対してこれだけ多くの人がサービスを利用しており、これらのソーシャルメディアは既に情報インフラとして僕たちの日常に浸透しています。

[*1] 月間アクティブユーザー数とは、1ヵ月の間にログイン/利用しているユーザー数のこと。

	国内月間アクティブユーザー	ユーザー層	特徴
LINE	8,100万人	全世代が利用 幅広い	・メッセージとタイムラインの二つをもつ ・スタンプが豊富 ・トークや通話などモバイル中心
Twitter	4,500万人	20代が多い 平均年齢は35歳	・リアルタイム性 ・拡散性の期待 ・ハッシュタグ
Instagram	3,300万人	10代と20代で半数以上を占める	・写真メイン ・世界観の重要性 ・アクティブユーザーが多い ・ハッシュタグフォロー可能
Facebook	2,600万人	登録者数は20代と30代が多い	・多彩なコンテンツ ・フォーマルな場 ・ターゲットの精度高い
TikTok	950万人	10代と20代で半数以上を占める	・動画メイン(15秒) ・ハッシュタグ ・豊富な動画編集機能 ・音楽性
Pinterest	400万人	20代と30代 女性が多い	・写真／画像メイン ・コレクション性 ・画像のアイディア／デザインが豊富

※ 2019年10月時点 [*2]

[*2] 出典 「We Love Social」
【2019年11月更新】人気SNSの国内&世界のユーザー数まとめ（Facebook、Twitter、Instagram、LINE）
https://blog.comnico.jp/we-love-social/sns-users

スマホネイティブのアスリート

　これまでソーシャルメディアの成り立ちや、SNSとソーシャルメディアの違いについて述べてきました。

　ここからは、デバイス（主に携帯電話）とプラットフォームの変遷が、ソーシャルメディア活用にどんな影響を与えているのかを見ていきます。

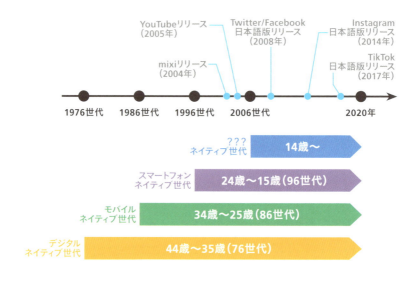

　生まれながらにITに親しんでいる世代は**デジタルネイティブ**と言われ、選手が生まれた年代からおよそ三つのカテゴリーに分けることができます。

76世代・・・パソコンの普及とともに育った世代

86世代・・・携帯電話（ガラケー）の普及ともに育った世代

96世代・・・スマートフォンの普及ともに育った世代

　約10年スパンで僕たちが普段最も触れているデバイスは移り変わっており、その進化とともに情報接触の在り方も変化してきました。次なる06世代の選手たちが主として利用するデバイスもスマートフォンではないのかもしれません。次なるデバイスはスマートグラスかもしれないし、それとは全く別の何かなのかもしれません。

　そして、2004年リリースのmixi、2005年リリースのYouTube、2008年にはTwitterとFacebookの日本語版リリースと、2000年代中盤から加速度的にソーシャルメディアが僕たちの生活の中に浸透していったことが分かります。

　つまり、86世代や96世代のアスリートの多くは、多感な学生時代から当たり前のようにスマートフォンやソーシャルメディアに触れ、使い込んできた世代です。自らの成長過程で、当たり前のようにソーシャルメディアに触れてきた世代が今後台頭し、現役アスリートのボリュームゾーンになっていきます。
　感覚的には、ソーシャルメディアに対する抵抗感や心理的ハードルの有無は、86世代の前後に一定の境界線があるような気がしています。

　学生時代から当たり前のようにソーシャルメディアに触れてきた"ソーシャルメディア当然世代"のアスリートは、プロ入り前の段階で既に多くのフォロワーを集めている選手も存在し、オープンな形でソーシャ

ルメディアを活用していない場合でも、投稿を非公開に設定していて、友人とのコミュニケーションや情報収集を目的として、日頃からソーシャルメディアに触れています。

また、「スマホネイティブ」と呼ばれる世代は、息を吸って吐くようにソーシャルメディアに慣れ親しんできた世代であり、今年レアル・マドリードへの移籍を果たした2001年生まれの久保建英選手[*3]や、同チームのアンダーカテゴリーで活躍する2003年生まれの中井卓大選手[*4]は、自然とソーシャルメディア（主にInstagram）を使いこなしています。

一方、現在スポーツ界で活躍されている指導者やスタッフには86世代以前の層が多く、大人になってからソーシャルメディアが普及した世代です。ソーシャルメディアを当たり前に使いこなす選手が今後増えていく中、その使い方や重要性を真に理解していなければならないのは、実はアスリートを支える側の人間なのかもしれません。

> **Q バレーボール選手**
> 投稿の頻度や内容が試合結果に左右されること。サポーターやファンの方への配慮も必要で、結構悩んでしまう。
>
> **A** 自分の中である程度ルールを決めてしまうと良いでしょう。
> 「試合に負けた週は試合結果以外の投稿をしない」「試合結果に関係なくオールジャンルの投稿をする」等、ルールに則った投稿を続ける内に、ファンの方々にも定着していきます。サポーターやファンの方の心理を逆撫でするような投稿は避けたいところですが、"気兼ねせず楽しむ"くらいの感覚でSNSと付き合っていけると良いですね！

[*3] サッカー選手。2011年にFCバルセロナの下部組織の入団テストに合格し渡西。2015年に帰国しFC東京の下部組織に入団。2019年6月にレアル・マドリードへ移籍。現在はRCDマジョルカへ期限付き移籍中。
[*4] サッカー選手。2013年にレアル・マドリードの下部組織の入団テストに合格。現在は、レアル・マドリード・カデーテAに所属している。

1-4
ソーシャルメディアリテラシーのすすめ

　ソーシャルメディア活用は何もスポーツ界に限った話ではなく、最近ではタレントやアーティスト、フリーランスのみならず、会社員も発信力を高め、個人の活動範囲を広げるケースが多く見られるようになっています。

　終身雇用制度の崩壊や副業解禁などもあいまって「個への権限移譲」は今後も加速度的に進んでいくことでしょう。つまり、令和以降の組織はいかに個人をエンパワーメント出来るかを考えるべきで、それはアスリートと所属クラブ・競技団体との関係にも置き換えられる話です。

　ソーシャルメディアは正しい使い方をすればアスリート個人、ひいては所属クラブに良い影響をもたらすことができます。一方、誤った使い方をすれば、それは即ちリスクにもなり得るツールです。

　アスリートが身につけておくべきソーシャルメディアリテラシーは大きく三つです。

　1. 発信してはいけない内容を知る

　2. 発信してはいけないタイミングを知る

　3. 発信した内容は一生残り続けるものと心得る

※詳しくは、第 5 章をご参照ください！

　知名度や競技レベルに応じて程度の差はあれど、アスリートは地域や世間から注目を集める存在であり、いわば「公人」です。

　アスリート自身がソーシャルメディアを積極的に活用していない場合でも、節度を欠いた言動が何者かによって SNS に投稿された瞬間に炎上する可能性があります。つまりソーシャルメディアリテラシーは、SNS を積極活用するしないに関わらず、これからの時代を生きるアスリートの皆さんに必要な基礎知識なのです。

　また、クラブスタッフや指導者らがアスリートを支援する時にも、ソーシャルメディアに関する最低限のリテラシーは必要です。サポート側の人間が「SNS はよく分からないから、全面禁止。」とシャットダウンしてしまっては、アスリートおよびクラブが得られるベネフィットを享受できません。

　前述の通り、スマホネイティブ世代以降のアスリートは、当然のように成長の過程でスマートフォンおよび SNS に触れてきました。成長の過程で常にあるものとして触れてきたツールだからこそ、選手が正しくソーシャルメディアを活用していればそれを促してあげるべきであり、間違った使い方をしていれば注意する必要があります。

　日本スポーツの未来を考える時、アスリートのみならずサポート側の人間も含めたソーシャルメディアリテラシーの底上げに取り組み、**パーソナルメディアの台頭に対して適切に向き合う方法**を考えなければなりません。

アスリートがソーシャルメディアを活用する理由

第2章

2-1
アスリートは現役中が
ボーナスタイム

　この本のメインテーマでもあるアスリートのソーシャルメディア活用について、僕が考え始めたきっかけは、**アスリートのセカンドキャリア問題**への課題意識です。誤解を恐れずに言うと、現状のアスリートのセカンドキャリア支援の仕組みだけでは、根本的な問題解決が難しいのではないかとも考えています。

　僕は学生時代に全日本大学サッカー選抜の主務を経験しました。そこで出会った選手たちの突出した競技力、ミーティングの熱量や密度、試合にベストパフォーマンスを持ってくる調整力、試合で勝ち切る本番力などに強いリスペクトを抱きました。この経験を通じて、トップレベルのアスリートが持つポテンシャルの大きさを、初めて肌で感じました。当時の全日本大学サッカー選抜でプレーしていた選手の多くは、現在日本代表やJリーグで活躍しています。

　そんな折、多くのアスリートが競技を離れた時にポテンシャルを活かしきれていない現状を知りました。そして「尊敬する同世代の選手達が引退後に苦しむ姿は見たくない、、、」というわだかまりを覚えました。

　それからというもの、引退前後問わず彼らの人生が豊かになるためにはどんな取組みが必要なのかを考え続けています。その中で導き出した一つの答えは、**アスリートは現役中がボーナスタイム**であるという捉え方です。

アスリートはピッチ内に限らず、現役中から人生の選択肢をどれだけ広げておけるのかが重要だと感じています。そこで目をつけたのが、本書テーマのソーシャルメディア活用でした。

　現役アスリートだからこそ持っている知名度や影響力、時間、お金などの資源を活かして、ネットワークを広げたり、自分の人生の選択肢を増やすことができれば、引退前後問わずピッチ外でも自分の人生を主体的に生きることができる。

　しかし同時に、

「何かしらアクションを起こしたい、、、」
「でも何から手を付ければ良いのか分からない、、、」

　というアスリートが多く存在する中、身の回りにあるツールで小さく始められる取組みの一つが、ソーシャルメディア活用なのです。

　「アスリートは二度死ぬ」という言葉があるように、アスリートにとって現役引退は大きなライフイベントであることに間違いありません。

　しかし、人生を引退前後で分けて捉えてしまうことは大きな機会損失であると僕は考えています。むしろ、多くの人から応援してもらえることができ、知名度や影響力、時間がある現役中だからこそ、できることが沢山あるはずです。

　アスリートのソーシャルメディア活用の利点の一つに、現役時代の知名度や影響力を引退後に持ち越しできる点が挙げられます。
　ファン・サポーターにとって、応援していたアスリートと引退後も接

点を持ち続けられることは非常に嬉しいことです。また、アスリートにとっても、現役中に応援してくれたファンやフォロワーを、引退後の人生に引き継ぐことができます。これからの時代、多くの人に情報を届けられるパーソナルメディアは資産になります。

　現役引退後に「競技以上に情熱を注げる仕事が見つからない」と無気力になってしまう選手たち。人生における大半の時間を注いで取り組み続けてきたスポーツキャリアが途切れ、その際に感じる選手たちの喪失感たるや相当なものです。転じて、うつ病やアルコール依存症などで心を病んでしまう選手も一定数存在しています。

　アスリートの中には多くの実践知[*1]が蓄積されています。しかし、競技で培った実践知をビジネスシーンですぐに活用することは難しいです。なぜなら、実践知をビジネスに活かすためには、実社会の常識やノウハウに転換させるための翻訳作業が必要になるからです。こうした翻訳作業は、アスリートがキャリアをチェンジする際には避けられない取り組みとなっており、現役中から競技と同時並行で取り組める選手もいれば、引退後もなかなか翻訳作業ができずに、実社会への適応に苦しむ選手も少なくありません。

　少し話が逸れましたが、現役を引退したからといってアスリートのこれまでの努力と時間が全てリセットされてしまう訳ではありません。これまでの**努力を蓄積できる手段こそ、現役時代の知名度や影響力をインターネット空間に留めておくことができるソーシャルメディア**なのです。ソーシャルメディアは、デュアルキャリア[*2]のみならず、セカンドキャリアを充実させるためにも、非常に有効な役割を担っていると言えるでしょう。

---

*1　競技力が高く、身体のことを知り尽くしているトップアスリートに蓄積されたノウハウや習慣のこと。
*2　アスリートの競技者としてのキャリアと、人生や生涯におけるキャリアを並行して捉える考え方・姿勢のこと。

26

2-2
アスリートが高めるべき三つのVALUE

　多くのアスリートは、クラブに所属することでプレー機会を得ています。故に、クラブの監督や強化部から高い評価を獲得すべく、アスリートが日々トレーニングに励み、鍛錬を重ねることは言わずもがなです。

　しかし、スポーツ選手が高めるべき価値は競技力だけではありません。

　スポーツ選手の価値を測る際、最も分かりやすい指標が競技力であることに疑いの余地はないのですが、所属クラブがスポーツ選手に求めたい価値が競技力だけではなくなってきていることもまた事実です。

　真に高価値なアスリートとは、クラブのみならず、市場/ファンに価値を提供できる人を指します。アスリートがクラブからの評価だけを気にして振舞ってしまっては、「彼らが発揮しうる影響力や価値の 1/2 程度しか魅力が伝わっていないのでは？」と僕は感じざるを得ません。

　これはビジネスパーソンであっても同様です。勤務先の企業から高い評価を得ていても、市場と顧客から求められていないビジネスマンである場合、真に「高価値な人材」とは言えません。アスリートであるかどうかの前に"働く"ということは市場と顧客、つまりマーケットから評価されるということなのです。

　日本のスポーツ界でマーケットと向き合うのは基本的にクラブの役割

であり、これまでは選手がその役割を担うことは決して多くありませんでした。しかし、クラブの最大の資産であり顔である選手がマーケット視点を持つことは、クラブ・選手にとってプラスでしかないと考えます。

それでは、高価値なアスリートであるために磨くべき三つの価値（=VALUE）について、マーケット視点で説明します。

① Player VALUE

"Player VALUE"とは、競技者としての価値のことです。つまり、**選手としてどれだけ試合の勝利に貢献できるのか**を指します。

Player VALUEを因数分解すると、得点力 / 走力 / 持久力 / 守備力 / テクニックなど、競技をする上で実際に用いる能力やスキルが並びます。これは言うまでもないですが、Player VALUEを磨くために必要なプロセスは日々のトレーニングや試合です。

選手がクラブからの評価を得ようとする時、多くのアスリートがまず思い浮かべるのはこのPlayer VALUEです。

事実、後に述べる二つの価値（VALUE）よりもPlayer VALUEの重要度は高く、アスリートが最優先で取り組むべき部分であることに間違いありません。なぜなら、ピッチ上でのパフォーマンスがその選手の年俸や知名度、影響力に直結するからです。

また、ピッチ上でのパフォーマンスを上げて、より高いカテゴリーでプレーすることがアスリートの価値や影響力を上げる最もパワフルな方法です。

② Market VALUE

続いて、アスリートが高めるべき二つ目の価値は "Market VALUE" です。これは、その選手がどれだけ**市場および社会から求められているのか、影響力があるのか**、といった指標です。この Market VALUE を因数分解すると、集客力 / 発信力 / 巻き込み力 / 創造力 / 売上げ力など、プレー以外の要素が並びます。

スポーツクラブが選手に Player VALUE を求めるのは当然として、近年はこの Market VALUE を選手に対して求める声が強くなっています。

その理由は、クラブの利益構造が大きく変化しているためです。

Jリーグを例に挙げると、リーグ開幕当初はバブルの追い風を受け、巨額のスポンサー料と放映権料で海外選手を多数獲得したり、勢いそのままに日本代表がサッカーワールドカップの出場権を初獲得したりと、時代を象徴するコンテンツとして脚光を浴びていました。

しかし、バブル崩壊、インターネット台頭に伴うマスメディアの変化が相まって減収減益が続いたJリーグおよびJクラブは、新たな収益源を生み出す必要に迫られています。実際、横浜フリューゲルスは出資会社の一つであった佐藤工業が本業の経営不振のためクラブ運営からの撤退を表明し、もう一つの出資会社であった全日空も赤字に陥っていたため、単独でクラブを支える余力が無くなり、1998年に合併消滅しています。

スポンサー料と放映権料が大幅に減少して経営基盤が揺らいだJクラブは、代わりにチケット収入とグッズ収入を増やすことで安定的な収

益源を確保することを考え始めました。その流れの中で選手に求められるようになったのが Market VALUE というワケです。

　チケットとグッズの売れ行きを左右するのは「チームの成績」と「人気選手の有無」です。事実、どんな強豪クラブでも長期間安定して勝ち続けることは難しく、クラブが低迷している時こそスポンサーを獲得でき、スタジアムにお客さんを呼ぶことができ、グッズが売れる Market VALUE の高い選手（= 人気選手）の存在が重要になります。

　また、昨今のJクラブによる海外有名選手獲得はまさしく Market VALUE を狙った動きです。Jリーグおよびその所属クラブは、イニエスタ選手[3]/ポドルスキ選手[4]/F・トーレス選手[5]/チャナティップ選手[6]らの獲得を契機に、国内にとどまらず海外に対して強い影響力を発揮できるようになりました。

　おそらくですが、クラブはサッカーの実力だけでイニエスタ選手に年俸 32.5 億円（推定）を支払っているわけではないと考えられます。チームの競技力向上だけを目的とするのであれば、32.5 億円（推定）を使って国内外から代表クラスの有力選手を 10 名獲得する方が、チームに多数のタレントを抱えられるようになるはずです。

　しかし、それを補ってあまりある Market VALUE があるからこそ、ク

---

[3]　サッカー選手。スペイン出身で2002年〜2018年までFCバルセロナでプレーし、35個のトロフィーを獲得した。その後、Jリーグ・ヴィッセル神戸でプレーしている。
[4]　サッカー選手。ポーランド出身のドイツ人。移住したドイツでサッカーをはじめ、欧州の様々な国でプレーした。現在はJリーグ・ヴィッセル神戸でプレーしている。
[5]　サッカー選手。スペイン出身で欧州の様々な国でプレーし、数々のトロフィーを獲得した。その後、Jリーグ・サガン鳥栖でプレーし2019年に日本で引退した。
[6]　サッカー選手。タイ出身で2012年から2017年までタイ・プレミアリーグでプレーし、2017年よりJリーグ・北海道コンサドーレ札幌でプレー。2018シーズンは東南アジア出身選手として、初のJリーグベストイレブンに選出された。

ラブはイニエスタ選手の獲得に乗り出したのです。

③ Story VALUE

　三つ目のアスリートが高めるべき価値は"Story VALUE"です。これは選手が持つ文脈的価値のことで、ファン・サポーターに共感を生み出し、Market VALUE を補足する形で機能します。

　例えば、同程度の実力を持つ選手がいた時、地元やアカデミーで育った選手か、クラブのホームタウンとは縁がほど遠い選手を獲得するのかで言うと、間違いなく前者を獲得します。

　「その人ならでは」の物語は、強い共感を呼び、多くの支持を集めます。そして、その物語がクラブと共鳴するのであれば尚更。また、Jクラブがアカデミー選手を積極的に育成し、起用する理由の一つでもあります。

　生い立ちだけでなく、ユニークな経歴やキャラクター、ビジョンや想い等もアスリートの Story VALUE を高める要素です。

　そして、何も成功体験や美談ばかりが価値を生むとは限らないことも Story VALUE の特徴です。その例として、中村俊輔選手のワールドカップ落選[*7]や、浦和レッズ J2 降格決定後に福田正博選手が決めた延長 V ゴール[*8]等が挙げられます。人は、むしろ失敗や挫折、そこからのカムバックに強い共感を覚えるのです。

[*7] 2002年日韓ワールドカップ、フランス人監督のフィリップ・トルシエの選考から外れ大会登録メンバー入りとはならなかった。多くのファンが出場・活躍を期待していたため、日本中が驚いた。

[*8] 浦和レッドダイヤモンズ(以下、浦和)を含めた3チームが、残留を争って迎えた1999シーズンのJ1最終節。同時刻開催で、浦和は90分勝利が残留条件だった(90分勝利と延長勝利では獲得勝ち点が異なった)。90分経過時点で浦和の降格は決定していたが、延長後半1分に浦和の福田選手が意地の延長Vゴールを決めた名シーン。

また、マスメディアに載らないアスリートであっても、現在は SNS を中心とした情報発信を始めることで自らの Story VALUE を高めることが可能です。自分ならではの物語が価値になる、ということを是非覚えておいてください。

　繰り返しになりますが、アスリートにとっては三つの VALUE の中で、Player VALUE を高めることが最優先であり、より高いカテゴリーでプレーすることがアスリートの価値や影響力を高める最もパワフルな方法であることは疑いようがありません。

　そして、他の二つの価値もまた、アスリートの価値を高めます。つまり、<u>**高価値なアスリートとは、Player VALUE に加えて Market VALUE と Story VALUE を兼ね備えたアスリート**</u>のことを指します。

　余談ですが、最も早くソーシャルメディアを有効活用していたアスリートは、元サッカー日本代表の中田英寿選手だったように思います。マスメディアとの軋轢から、自身のオフィシャルウェブサイトを開設し、自らの想いを、自らの言葉でブログに綴り、マスメディアを介すことなく、読者に直接情報を届けていました。2006 年の衝撃的な現役引退発表についても、マスメディアを介さずに自身のブログで発表をしています。

激変する
アスリートとメディアの関係

アスリートとメディアの関係はソーシャルメディアの登場で激変しました。

ソーシャルメディア登場前は、いわゆる四大メディア（TV/新聞/ラジオ/雑誌）を通して、アスリートの発言やキャラクターがファン・サポーターへと伝わっていました。

今まではアスリートが何かしらの情報をファン・サポーターに届けたい時には、四大メディアが間に挟まる構造を担っていたワケです。

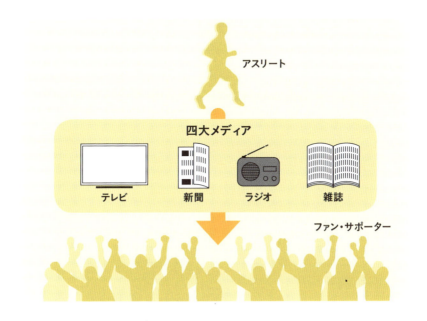

2018年ロシアワールドカップのグループリーグ第三戦 日本代表対ポーランド代表の試合前に日本代表のスターティングメンバーがメディアから漏洩したことについて、とある代表選手がTwitterで指摘し、物議を醸しました。四大メディアを通じて報じられる情報はアスリートがファン・サポーターへ届けたい形で正確に伝わっているとは限りません。

多くのメディアは広告費に支えられており、広告主である企業は多くの生活者の目に自社広告が触れることを望みます。つまり、視聴率や読者数、再生回数を稼ぐことがメディアの売り上げに繋がります。

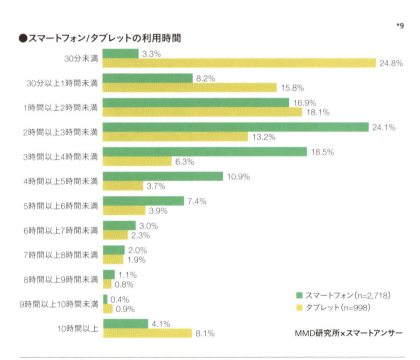

●スマートフォン/タブレットの利用時間 *9

利用時間	スマートフォン(n=2,718)	タブレット(n=998)
30分未満	3.3%	24.8%
30分以上1時間未満	8.2%	15.8%
1時間以上2時間未満	16.9%	18.1%
2時間以上3時間未満	24.1%	13.2%
3時間以上4時間未満	18.5%	6.3%
4時間以上5時間未満	10.9%	3.7%
5時間以上6時間未満	7.4%	3.9%
6時間以上7時間未満	3.0%	2.3%
7時間以上8時間未満	2.0%	1.9%
8時間以上9時間未満	1.1%	0.8%
9時間以上10時間未満	0.4%	0.9%
10時間以上	4.1%	8.1%

MMD研究所×スマートアンサー

*9 MMD研究所『2018年版：スマートフォン利用者実態調査』https://mmdlabo.jp/investigation/detail_1760.html

ジャーナリズムを忘れて情報を脚色・歪曲して伝えるメディアが後を絶たない最大の理由は、広告費に依存したメディアの収益構造にあります。
　前述したポーランド戦のスタメン漏洩は、この最たる例ではないでしょうか。

　そしてスマートフォンおよび SNS が登場したことにより、四大メディアを通さずともアスリート自身がファン・サポーターに対して情報を発信できるようになりました。

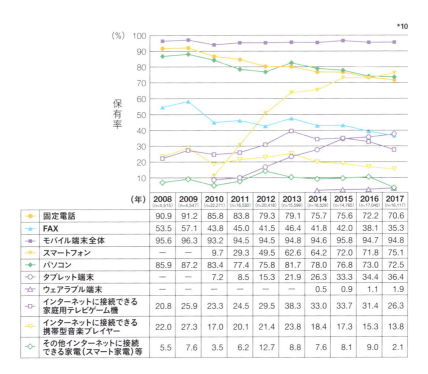

*10 総務省『平成30年版　情報通信白書』http://www.soumu.go.jp/johotsusintokei/whitepaper/ja/h30/html/nd252110.html

第 2 章　アスリートがソーシャルメディアを活用する理由　35

MMD 研究所（モバイルマーケティングデータ研究所）が発表している『2018 年版：スマートフォン利用者実態調査』[*11] によると、一日に「2 時間以上 3 時間未満」スマートフォンを利用している層が最も多く 24.1％、次いで「3 時間以上 4 時間未満」の層が 18.5％ でした。

　また、スマートフォンの世帯別保有率は 2017 年に 75％を超えた、と総務省は発表しています。前述のグラフから 2010 年以降、僕たちの生活の中にスマートフォンが急速に入り込んできたことが分かります。

　iPhone の日本国内での発売開始と、Twitter・Facebook の日本語版リリースが 2008 年だったことを考えると、ここ 10 年で情報接触の環境が著しく変化したことは自明です。

　アスリートが SNS を積極的に使うようになったのはここ数年という印象ですが、SNS を活用することで自身のアカウントがメディアの役割を担うようになり、ファンやサポーターへ直接メッセージを届けられるようになりました。また、SNS の特徴としてファンやサポーターも選手にメッセージやリアクションを届けられるようになったことから、アスリートとの双方向的なコミュニケーションも可能となりました。

　また、ファン・サポーターは選手のパーソナリティをリアルタイムで知ることができるようになり、選手のことをより身近に、より親しみを持って応援することもできるようになりました。

　ソーシャルメディアの登場に伴い、アスリートが情報を取り扱う環境は、これまでとは一変してしまったのです。

[*11] https://mmdlabo.jp/investigation/detail_1760.html

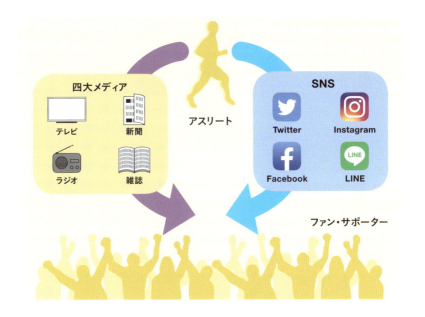

　ソーシャルメディアが登場する以前の従来型スポンサーシップは、企業の広告塔として起用されたアスリートが、いわばスポークスマンとしての役割を担い、企業のメッセージを世の中へ届けていました。アスリートはクリーンなイメージを持たれがちな存在であったため、好感度も高く、テレビ CM を始めとした広告活動に数多く起用され続けてきました。

　一方、ソーシャルメディアが普及した後のスポンサーシップは、**コミュニティスポンサーシップ**と呼ばれています。企業がアスリートを広告塔として起用する場合であっても、既にアスリートとファンコミュニティがSNS で繋がっており、選手のピッチ外の生活や独自の哲学が既にファンに浸透しています。そのため、企業側が打ち出すメッセージは選手とコミュニティ（ファン）の双方に愛される内容でない限りは支持されない、という考え方です。

コミュニティスポンサーシップでは、選手が掲げる理念や哲学、ピッチ内外での行動と、企業のブランドメッセージを親和させていくことが重要です。

アスリート本人の物語と親和するブランドコミュニケーションは非常に大きな支持を生むことが分かっており、選手のパーソナリティーと企業ブランドがシンクロする部分を探して、世の中への訴求を強めていくことが求められます。

レッドブルが、F1やエアレースなどのエクストリームスポーツをサポートしている理由も、このコミュニティスポンサーシップに近い部分があります。

レッドブルは「エキサイティングな体験の提供」をブランドコンセプトとしており、その文脈で合致するエクストリームスポーツをスポンサードすることで、届けたいメッセージを的確に伝えることができると考えています。

有名タレントを沢山起用すれば良いという訳ではありません。

このように、選手やスポーツのパーソナリティと企業コンセプトがシンクロした良好なスポンサーシップの関係を築くことができた時、一過性のプロモーションに留まらないブランド資産が形成〜蓄積されていきます。

ソーシャルメディアの普及は**人々の情報接触のあり方だけでなく、スポンサーシップのあり方までをも変化させ始めた**ことを強く感じています。

従来型スポンサーシップ

アスリートが企業の広告塔となり、企業が発したいメッセージが
四大メディアを通じて多くの生活者へ伝わっていた。

企業 → アスリート → 四大メディア → 生活者・ファン

コミュニティスポンサーシップ

SNSを通じてアスリートとファンが直接繋がっており、
選手のピッチ外の生活や独自の哲学がすでに浸透しているため、
選手のパーソナリティと企業のブランドメッセージをシンクロさせることが重要。

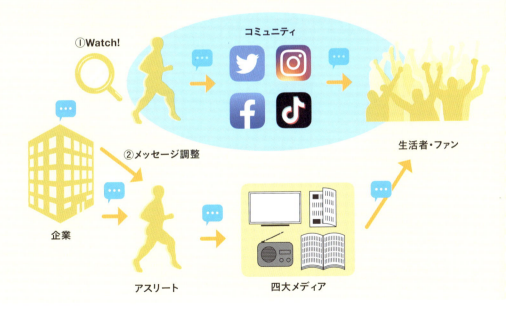

第2章　アスリートがソーシャルメディアを活用する理由

2-4

共感の集積地=アスリート

　スポーツビジネスにおいて、ファンからの期待・応援・共感・批判を最も集める存在は、アスリートです。

　クラブスタッフやスポンサー、その他ステークホルダーにも期待が寄せられますが、アスリート以上にファンの声援を集められる存在はありません。

　事実、アスリートが SNS で行った情報発信がファンの間で大きな共感を生み、想像以上の拡散力を持ったムーブメントに繋がるケースが増えています。

　ここ最近で特に印象的だった事例は、ラグビーワールドカップ 2019 の期間中に日本中で歌われた「ビクトリーロード」です。

「ビクトリーロード」は、ワールドカップ前のチーム合宿で、日本代表チームの選手たちがカントリーロードを題材にして作詞したものです。元々は、試合後や合宿の締めにチーム全員で歌って、団結感を強めることを目的に作られた歌でした。しかし、選手やラグビーファンの方が SNS で「みんなで歌おう」と発信したことを受けて、「ビクトリーロード」は、スタジアムやファンゾーンを始め様々な場面で歌われるようになり、たちまち大会を象徴する曲になりました。

　こちらのツイートが TV のニュース番組やネットニュースに取り上げられ、「ビクトリーロード」は瞬く間にラグビーファンおよび日本中へと広

がって行きました。試しに、Twitter で #ビクトリーロード と検索してみてください。スタジアムの熱狂だけでなく、ラグビー日本代表チームに声援を贈る色とりどりの「ビクトリーロード」を聞くことができます。

　スポーツクラブや競技団体が、ファンに拡散してもらう・協力してもらう・来場してもらう・買ってもらうことを考える時、より多くの共感を生み出すためには、誰が・何を・どこで・どうやって情報発信するのかを考える必要があります。

　ファンとのコミュニケーションを設計する際、どこに**旗を立てるのかが非常に重要**です。

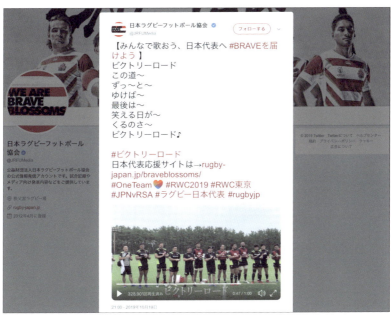

https://twitter.com/JRFUMedia/status/1185767597381476354

第 2 章　アスリートがソーシャルメディアを活用する理由　　41

スポーツにおいてはアスリートが最も共感を集めやすい発信源です。なので、<u>旗を立てる場所は「アスリート」</u>がいいでしょう。

スポーツクラブが実施するプロモーション活動に選手が登場することはこれまでも多々ありました。しかし、選手とファンがソーシャルメディアんよって直接繋がった今、ファンにとっては、選手がありのままの想い・声を直接届けることが重要です。SNSがこの役割を担ってくれます。

一方、選手とファンが直接繋がることは、チャンスだけでなくリスクも内包していることから、選手のSNS活用を規制するクラブも数多く存在します。

しかし、これは<u>共感の集積地を自ら捨ててしまう行為と同義</u>でもあります。これは私見になりますが、クラブと選手が共犯関係を築き、アスリートのソーシャルメディアを起点にコミュニケーションを設計していくことを考えるべきだと考えています。

ソーシャルメディア上での発信が起点となり、それを見たメディア関係者がテレビやネットニュースで取り上げ、それがまたソーシャルメディア上で話題になる。この情報循環のことを「ニュースサイクル」*12と言います。

SNSを起点にニュースサイクルを作ることのメリットは「低コスト」で「ファンとの結びつき」ができることです。莫大な予算をかけてイベントやキャンペーンを実施せずとも、定期的にコンテンツを投稿することで継続的なファンとのコミュニケーションが可能になります。

---

*12 定期的に自分自身についてツイートをすること、ツイートされることを指します。

2-5
SNSはやるべき……？

『SNSはやった方が良いと思う。でも、やり方が分からない』

『Twitter・Facebook・Instagram・YouTube・Tiktok・・・何をどう使えば良いのか教えて欲しい』

『試合結果以外で何を投稿すれば良いのか分からない』

『そもそもアスリートってソーシャルメディアを活用をすべきなの？ 競技に集中すべきでは？』

　これらは、ソーシャルメディアについて、アスリートから相談を受ける時に投げかけられる質問です。

　第1章で説明したとおり、スマートフォンの普及によって、インターネットに触れている時間は増え続けています。

　また、ソーシャルメディアの台頭によって、誰もが情報の発信者となり、自らメディアを持つことができるようになりました。2018年12月時点の日本における1日あたりのスマートフォン平均利用時間は3時間5分[*13]に及び、スマートフォンおよびソーシャルメディアは僕たちの生活から切っても切り離せないツールとなっています。

　そして、スポーツ界でも「ソーシャルメディア上での影響力」がアスリー

[*13] ニールセン・カンパニー『若年層の月間の動画視聴時間は1年間で約2時間増加 〜ニールセン スマートフォンの利用状況を発表〜』https://www.nielsen.com/jp/ja/insights/article/2019/nielsen-pressrelease-20190326-nielsen-mobile-netview-smartphone-usage/

ト個人の"市場価値"を測る指標の一つとして、次第に重要視され始めました。

　事実、欧米のスポーツクラブでは、契約交渉の際に選手のSNSフォロワー数を加味するケースも増えています。ソーシャルメディアを通じて多くのファンにメッセージを届けられる選手は、クラブにとっても魅力的な存在です。

　分かりやすい例として、2018年にヴィッセル神戸へ加入して世界中を驚かせたイニエスタ選手は、Twitterで2,400万人強・Instagramで3,200万人強のフォロワーを抱えています（2019年執筆時点）。イニエスタ選手はソーシャルメディアを通じて、Jリーグや所属チーム、そして日本に関する情報を発信し、世界中のファンがその投稿を楽しみにしています。
　イニエスタ選手のソーシャルメディアが持つ発信力はケタ違いではありますが、規模は違えど、全てのアスリートがソーシャルメディアを活用することで自らの発信力および市場価値を高めることが可能です。

　一方、アスリートはSNSをやった方が良いと考えてはいるものの、全アスリートがソーシャルメディアをすぐに「活用」できるとは思いません。ソーシャルメディアを活用するためには次の3ステップがあります。

　　リテラシー向上 → 利用 → 活用

　第1章、第2章を読んでいただき、リテラシー向上を図り、 2-9 でソーシャルメディアを利用する段階まで進めましょう。その上で第3章の事例集の中から自分に合った発信術を見つけ、自らのソーシャルメディア活用術のあり方を模索してみてください。

SNSで何が変わるか

　岡部恭英氏[*14]は、プロスポーツチームの第5の収益源としてアスリートのSNS積極活用に注目をしています。

[*15]

　現在のプロスポーツチームの収入源を、大まかに分類すると下記の4つになります。

- リーグ分配金（放映権が主）

- スポンサーシップ

- チケット収入

- マーチャンダイジング（グッズ収入）

　そして、この仕組みは、ここしばらく変わっていません。

　しかし、スポーツを取り巻く環境、特にテクノロジーはものすごい勢いで進化しており、ファンの嗜好も確実に変化してきています。ファンの嗜好が変われば、当然のごとく、ビジネス

[*14] サッカー世界最高峰UEFAチャンピオンズリーグに関わる初のアジア人として欧州サッカー協会専属マーケティング代理店「TEAMマーケティング」のテレビ放映権/スポンサーシップ営業 アジア・パシフィック地域統括責任者を務める
[*15] 「【岡部恭英】データとSNSを制する者はスポーツを制す」2018年12月30日公開　https://newspicks.com/news/3553818/

第2章　アスリートがソーシャルメディアを活用する理由　　45

の在り方にも変化が必要です。

（中略）

　例えば、下記のようなことはもっと出てくるのではないでしょうか。

・選手自らが行うライブ・コマース（鹿島アントラーズはスポンサーであるメルカリとすでに始めているようです）

・前田裕二社長率いるSHOWROOMはアイドル中心のサービスですが、これの選手版などもありでは？　選手に関しては、試合以外にも面白いコンテンツを作るのは可能ですので。

・日本のスポーツ界は、「選手はスポーツだけに集中すべき」や「選手の言動がきっかけで、選手やクラブが炎上しないように」という考えや心配からか、選手のソーシャルメディア（SNS）積極活用を好ましく見ない傾向も見られますが、若い世代のコミュニケーションがSNS主導になった今、それを使わない手はありません。私たちの世代にとってのテレビや新聞が今の世代にとってはSNSに変わった、ということに過ぎません。選手のSNS積極活用によって生まれる価値のマネタイズが進むのは、ある意味自明であるかと思います。

　もちろん、私も具体的な収入源のあり方を予測できるわけではありませんが、SNSを中心とした新たな収入源の創造は、今後どんどん進んでいくでしょう。

また、日本の男子プロバスケットボールのトップリーグであるB.LEAGUEは、リーグやクラブの公式アカウントのみならず選手のSNS運用を積極的に推進しています。

　各クラブの広報担当者向けにソーシャルメディアに関する講義を行ったり、新人選手の研修では、SNS運用のプログラムが組まれています。

　SNSの情報発信をアクティブに取り組むためのコツや、投稿案、運用時のリスクを専門家からレクチャーしてもらえる機会があり、ファンとの接点をどのように持てば良いのかを日々学んでいるのです。

　クラブ・協会は、アスリートのSNS活用により、ファン・サポーターの興味関心や共感を集めることができ、チケットやグッズの売上・収入増加を期待することも可能です。

　また、ファン・サポーターはSNSを通じてアスリートの普段見られない姿や生の声を直接受け取ることができ、より親しみを持ってアスリートを応援できるようになります。

　アスリートのソーシャルメディア活用については、スポーツビジネス界からの熱視線もさることながら、当事者であるアスリートからの関心も高まっていることを日々感じています。

　ヨーロッパのスポーツシーンで、SNSのフォロワー数が契約金や年俸に反映され始めていることは前述した通りですが、メディア・広告への出演依頼や企業によるスポンサードに関しても、SNSのフォロワー数がオファーの決め手になるケースも増えつつあります。

　つまり、今やアスリートは競技者でありながら、インフルエンサーとしての役割も期待されているのです。

ソーシャルメディアが発達・普及したことにより、アスリートはSNSを通じてクラブや競技に貢献する方法を新たに獲得しました。

　同時に、SNSを通じて自らのブランディングを行い、ピッチ内外でのキャリアを加速させることも可能です。

　これまでの内容まとめると、アスリートがSNSを活用することで得られるメリットは、大きく分けて二つに集約されます。

- **ファンとの距離が近づくこと**

- **売上が増加すること**

　SNSは現代を生きるアスリートにとって武器になり得るツールであることは間違いありません。また、SNS自体が機能のアップデートを日々繰り返しており、SNSを活用できるアスリートは、将来的にも多大な恩恵を受け続けることができるでしょう。

Q 藤井直樹（Bリーグ、フロントスタッフ）
クラブ公式SNSと選手SNSとの関係の中で、効果的な連携の仕方にはどのようなものが考えられますか？

A 現状はクラブ公式SNS⇄選手SNSで相互拡散するだけの連携が多いですが、ファンの共感がどこに集まるのかを考えると、選手SNSの発信を起点にファン向け企画を実施し、その発信にクラブ公式SNSが乗っかる図式の連携は面白いと思います。クラブと選手の協力が必須となるため、双方にソーシャルメディア活用の理解がないと実現は難しいでしょう（第3章 3-2 の5,000人満員プロジェクトや #行くぞACL、 3-5 の山﨑選手のサプライズ企画等）。

2-7 アスリートがソーシャルメディアを活用する理由

　ここでは、「アスリートがソーシャルメディアを活用する理由」を整理します。

　結論からお伝えすると、アスリートのソーシャルメディア活用は

アスリート自身と所属クラブに対して、コミュニケーション促進と売上/収入の向上をもたらすことができます。

　下記の【対象 × 目的】の表を用いて、アスリートがソーシャルメディアを活用する理由について整理してみましょう。

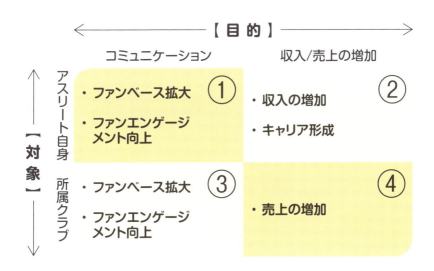

【対象】

　アスリートのソーシャルメディア活用によって恩恵を受ける対象は、アスリート本人だけに留まりません。
　クラブは、広告費用をかけずにアスリートのソーシャルメディアを通じて情報発信を行うことが可能です。

　そして、ソーシャルメディア上で発信力を持つアスリートは、所属クラブや競技団体に対して、入場者数やグッズ売上増、スポンサー獲得などの利益をもたらします。
　集客や売上に寄与することで、地域やスポンサーに貢献することも可能です。

　一方、アスリート個人のソーシャルメディアはクラブ側でコントロールが効かない部分が多く、ソーシャルメディアの活用に否定的なクラブが数多く存在します。
　その理由としては、「何かあったときに炎上するのが怖い」「試合やトレーニングに専念してもらいたい」「そもそもSNSがよく分からない」といった内容が多く見受けられます。

　ブランドコントロールの徹底など、クラブ側に明確な意向があって、アスリート個人のソーシャルメディア活用を抑えているのであれば納得ができます。

　しかし、現状は「コントロールが効かないから」「よく分からないから」といった理由で、メリット・デメリットを検討するもことなく、ただただ抑制してしまっているケースが散見されます。

これは、アスリート本人だけでなく、所属クラブや競技団体にとっても大きな機会損失です。

本書を通じて、アスリート自身はもちろん、アスリートに携わる関係者の皆さまのソーシャルメディア活用に関する認識が変わり、

「クラブ・協会とファンがより良い関係を築くためにも、所属アスリートのSNS活用をバックアップしよう。」

「アスリートのSNSに対して曖昧な対応を続けていたけど、ガイドラインを設けつつ上手く活用していこう。」

といった方向に、アスリートがソーシャルメディアを活用しすい環境が整備されることを期待しています。

【目的】

アスリートのソーシャルメディア活用の目的は、**コミュニケーションと収入/売上の増加**の二つに分けることができます。ここではコミュニケーションについて説明していきます。

コミュニケーション

アスリートとファン・サポーターが直接繋がっているからこそ生じる「コミュニケーション」は、SNSの最もユニークな部分であり、マスメディアを介した情報発信との最も大きな差異であると言えます。
「ファンからのエンゲージメント」とは、端的にファンとアスリートの結びつきのことです。各種メディアを通して触れるコンテンツやメッセージ

により、アスリートに対して愛着を感じ、絆で結びついている状態のことです。

*16

		全体〈2,369〉	16〜19歳〈128〉	男 20代〈114〉	男 30代〈193〉	男 40代〈270〉	男 50代〈226〉	男 60代〈276〉	女 20代〈136〉	女 30代〈155〉	女 40代〈292〉	女 50代〈281〉	女 60代〈298〉
テレビ	放送時間にリアルタイムで見るテレビ番組	53	33	22	38	44	58	67	35	52	59	63	72
テレビ	録画したテレビ番組	17	14	12	14	17	16	17	18	18	18	21	16
テレビ	インターネットを通じて見るテレビ番組	2	4	6	3	2	1	1	2	2	3	1	0
テレビまとめ*1		60	41	32	46	53	64	70	48	59	67	70	76
ラジオ（インターネットラジオを含む）		11	3	4	6	9	15	23	4	5	9	12	16
新聞（電子版を含む）		40	3	12	19	40	52	66	7	21	35	50	65
本・雑誌（電子版を含む）		11	13	10	10	12	11	11	6	10	12	10	12
SNS	LINE（ライン）	54	81	74	62	54	39	19	85	79	72	51	28
SNS	Twitter（ツイッター）	15	56	40	15	10	7	3	60	18	10	7	2
SNS	LINE, Twitter 以外のSNS（Facebook, Instagram など）	19	45	33	21	19	14	5	53	39	21	11	5
SNS まとめ*2		57	88	76	66	58	43	20	92	82	74	53	29
動画共有・配信サービス（YouTube, hulu など）		20	59	54	33	22	16	7	40	21	11	11	4
（SNS・動画以外の）インターネット		35	41	52	43	44	35	21	52	50	38	28	18

▨ は全体と比べ統計的に高い層であることを示す（以下同様）*3

*1「放送時間にリアルタイムで見るテレビ番組」「録画したテレビ番組」「インターネットを通じて見るテレビ番組」のいずれかに接触した人の合計
*2「LINE」「Twitter」「（LINE, Twitter 以外の）SNS（Facebook, Instagram など）」のいずれかに接触した人の合計
*3 全体に対する各年層の特徴をみるために、該当する層と、全体から該当する層を除いた残りの層で「互いに独立な％の差の検定」を行った結果。以下の検定式を用いている（以下同様）

$$z = \frac{|p_1 - p_2|}{\sqrt{p_1(100-p_1)\left(\frac{1}{n_2} - \frac{1}{n_1}\right)}}$$

・サンプル数：（全体）n₁、（一部）n₂　割合（％）：（全体）p₁、（一部）p₂
・z＝「1.960」以上なら「有意水準（危険率）5％で」有意差あり

---

*16 NHK文化研究所『情報過多時代の人々のメディア選択』、2018年11月30日、23ページ　表1　https://www.nhk.or.jp/bunken/research/yoron/pdf/20181201_7.pdf

エンゲージメントは接触頻度と密接に関係しており、繰り返し接することで好意度や印象が高まることが知られています。

　NHK 放送文化研究所が 2018 年 12 月 1 日に公開した調査結果によると「毎日利用しているメディア」に 50、60 代の高年層は主にテレビや新聞を挙げているのに対し、10 〜 40 代の若年、中年層では、ソーシャルメディアがトップで、テレビを上回っています。

　つまり、ソーシャルメディア上で継続的な接点を持つことは、40 代以下の世代からのエンゲージメントを高めようとする時に重要な要素となります。

　これまでファンがアスリートと接するタイミングは試合観戦 / 公開練習 / イベント / マス・Web メディアへの出演等に限られていましたが、ソーシャルメディアが加わったことにより、日常的に高い頻度でファンとのタッチポイントを持つことができるようになりました。

　また接触頻度に加えて、接触の質も重要になります。これまでなかなか触れることができなかったアスリートの日常生活や試合前後の過ごし方や想いの部分等はファンにとって興味深いコンテンツであり、応援しているアスリートから届く " いいね " や " リツイート " や " 返信 " などの直接的なリアクションもソーシャルメディアならではの体験価値が高いコミュニケーションとなります。

　続けて「中長期的な価値向上 / 売上増に貢献してくれるファンベースの構築」についてですが、前述のようにソーシャルメディア上でエンゲージメントが高いファンを獲得することができたなら、それはすなわ

ちファンベース[*17]としての機能も併せ持つことになります。

　ファンベースとは、新規顧客よりもむしろすでにあるファンコミュニティを活性化することで、中長期的に売上や価値を高めようとする考え方のことです。

　そしてソーシャルメディア上のフォロワーは好意度に差はあれどその多くがアスリート個人のファンであり、ファンベースそのものです。つまり競技者として一定以上の知名度があるアスリートは、誰しもある程度のファンベースをすでに持っています。

　「売上の8割は全顧客の2割が生み出している」というパレートの法則は有名ですが、ソーシャルメディアを通じて既存ファンのエンゲージメントを高めていくことによって、中長期的な価値向上と売上増を期待することが可能です。

　但し、競技だけでファンベースを構築することが難しいアスリートは、まず興味を持ってもらう／知ってもらうためにはどうすべきかを考える必要があります。

　繰り返しになりますが、ソーシャルメディア上のフォロワーは、いわば情報やコンテンツを継続的に届けられるファンベースです。アスリート個人を応援してくれるファンが集まるコミュニティは、アスリート自身の資産になるだけでなく、選手の所属クラブにも利益をもたらします。

[*17] 佐藤尚之『ファンベース』(筑摩書房、2018年)

収入 / 売上の増加

　前述の通り、選手個人のソーシャルメディア活用によって、ファンとのコミュニケーションを促進することが可能になります。それはアスリート本人のみならず所属クラブにも好影響を及ぼします。

　続いて、アスリートのソーシャルメディア活用によって**収入 / 売上の増加**を期待することができます。
　アスリートの年俸は競技者としての価値だけでなく、総合的な市場価値によって算出されています。近年ではその指標の一つとしてソーシャルメディアが位置付けられています。

　また、所属クラブが販売している選手ユニフォーム等の肖像を使ったグッズ売上の一部は、インセンティブとして選手の給与へ反映されるケースが多くなってきています。

　ポルトガル代表 FW クリスティアーノ・ロナウド選手[18] が、クラブから支払われている給与よりも Instagram から得られる収入の方が多いことが話題になりました。選手自身のソーシャルメディアが収入に直結する時代が既に到来しているのです。事実、マイナー競技であってもソーシャルメディアを活用して上手くスポンサーを集め、活躍の幅を広げているアスリートが増えています。詳しくは第 3 章にて紹介します。

　続いて「**広義のキャリア形成**」についてですが、セカンドキャリアに対する意識の高まりや世間の働き方改革、スマートフォン & SNS の普及等によって、現役アスリートの活躍の場はピッチ外へと今後一層広

---

[18] イタリア・セリエAのユベントスに所属するプロサッカー選手。欧州三大リーグで優勝した史上初の選手。

がっていくことでしょう。この流れは不可逆的であり、その際にアスリートの強力な武器となり得るツールが、ソーシャルメディアです。

　アスリートのキャリアに対する考え方・取組みは、昨今急激なスピードで多様化を続けています。セカンドキャリアを見据えて、現役中から次のキャリアに備えて勉強を始めるアスリートもいれば、現役中からピッチ内外問わず様々なチャレンジをするアスリートもいます。

　また、現役中は競技だけに集中したいと考えるアスリートも当然いて、アスリートによってキャリア観は千差万別であり、そのどれもが尊重されるべきであると思います。

　繰り返しになりますが、**アスリートのソーシャルメディア活用はアスリート自身と所属クラブに対して、コミュニケーション促進と収入/売上の向上をもたらすことが可能です。**

> **Q** 藤本純季（ハンドボール）
> どれだけ日々発信していても、同じ競技内同士の拡散ばかりで身内でやってるだけな気がしてしまう。同じ競技（ハンドボール）外の方と繋がり、より多くの方に知ってもらう為の良いアプローチはないでしょうか？
>
> **A** 競技の枠を、領域の枠を越えるためにはどのようにすれば良いのかを考えると良いです。具体的なアプローチは、別競技の選手や別領域の友人と食事に行った際にお互いの投稿にタグ付けしたり、ハンドボールファンでなくても言及・拡散したくなるコンテンツを投稿すると良いでしょう（とはいえコンテンツの企画と制作が最も難しいことも事実です…！）。

全てのアスリートが
ソーシャルメディアを活用すべき？

　ここまではアスリートがソーシャルメディアを活用する理由について述べてきましたが、ソーシャルメディアは数多に存在するツールの一つに過ぎません。全てのアスリートが例外なくソーシャルメディアを活用しなければならない、という訳ではありません。

　その上で、ソーシャルメディア活用のメリットとデメリットについて正しく理解できているアスリートやスポーツ関係者は、現状そこまで多くない印象です。

　　「何を・どうやって・いつ発信して良いのか分からない」

　　「炎上する可能性がある」

　　「選手の発信内容をコントロールできない」

　上記のような理由でソーシャルメディアを活用することから距離を置くアスリートや関係者は多いです。しかし、

　アスリートのソーシャルメディアは正しく使えば強力な武器になります。

　一例として、四国リーグに所属する高知ユナイテッド SC に所属する松本翔選手をご紹介します。松本選手は現役サッカー選手でありなが

第 2 章　アスリートがソーシャルメディアを活用する理由

らアスリートフードマイスターの資格を保有しており、SNS ではサッカーや高知の魅力を発信するだけに留まらず、#松本食堂のハッシュタグでオリジナルレシピを投稿したり、現役アスリートならではの視点で食事や栄養に関する情報発信を行い、好評を博しています。

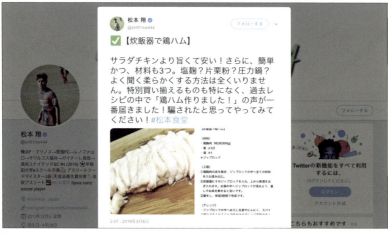

https://twitter.com/sh0t1me444/status/1103235625967247361

https://www.instagram.com/p/B3ebjlODPo-/

松本翔選手にとって、SNSとは「手の届かない世界や存在を感じられるような存在」だそうです。選手として活躍しながら、自ら考案したレシピの料理をクラブの寮でチームメイトに提供したり、公立学校で「スポーツ×食」をテーマに講演をしたりと、新しいアスリート像を確立しつつあります。

　マイナー競技や下部リーグでプレーする選手は、試合で大活躍したとしても、世の中でニュースになることは滅多にありません。
　しかし、ソーシャルメディアを有効活用することで、自らニュースサイクルを作ったり、自分自身のキャラクターや取組みを認知してもらうことは可能です。
　試合の勝敗だけではなく、試合に向けた準備や意気込み、プライベートな側面も含めて見せていくことでファンからの愛着度は増していきます。

　アスリートはソーシャルメディアをフックとして、ピッチ外から自身の価値を高めていくことが可能です。

> **Q 山川遼太（ビーチサッカー）**
> マイナースポーツをプレーする人間の有効なSNSの使い方（トップアスリートとは使い方が違うと感じたため、、、）。またアカウントをいわゆる公式な物とプライベートな物で分ける必要はあるのか。
>
> **A** マイナースポーツの選手は競技に関する内容だけでなく競技以外の活動や仕事についても情報発信することで、発信内容の幅を広げることをおすすめします。競技以外の投稿を見てフォローしてくれた人が、次第に選手としての側面に興味を持ってくれるようになる可能性があるからです。また、選手のプライベートな部分も立派なコンテンツなのでアカウントを分ける必要はないと思います（といいつつ、知人友人にしか教えない鍵アカウントSNSを作っている選手もいますね）。

第2章　アスリートがソーシャルメディアを活用する理由

2-9

プロフィール設定、アカウント運用

　こちらのパートでは、ソーシャルメディアを活用する際に気をつけたい実践的なポイントをご紹介しています。これから始めようと考えている人は初期設定の際に参考にしていただき、既にアカウントを持っている方は改善できる部分がないかどうかをぜひ確認してみてください。

プロフィール編
　まず、前ページに続いてサッカー・松本翔選手のTwitterとInstagramのプロフィール画面を見本としてご紹介します。

- **アカウント名は分かりやすく**
  情報が流れ続けるタイムラインにおいて、アカウント名が目に留まるかどうかは重要な要素です。一目で分かりやすい名称にしましょう。

https://twitter.com/sh0t1me444

自身の名前をベースにして、肩書きや所属、告知内容等を添えると良いと思います。

- **アカウント ID は覚えやすく検索しやすい文字列に**
  特に Instagram はアカウント ID で検索したりタグ付けすることが多く、**アカウント ID は覚えやすく検索しやすい文字列**に設定しましょう。

- **プロフィールの設定**
  プロフィールは自分がどんな人物かを表明し、興味を持ってもらうことが重要です。アスリートとしての顔以外に知ってもらいたい側面があれば、プロフィールにしっかり書いておきましょう。所属は現在のチームだけを書いてしまいがちですが、**過去の所属チームの経歴も表記することを推奨**します。

- **アイコン、ヘッダーの設定**
  一目でアスリートであることが分かる写真が良いと思います。アイコン

https://www.instagram.com/matsumotosho444/?hl=ja

第 2 章　アスリートがソーシャルメディアを活用する理由　　61

をユニフォーム姿やプレー中の写真にしたくない場合は、**ヘッダーだけでもアスリートであることが伝わる画像**にしましょう。

- **URL 欄の設定**
自分のことが分かりやすく紹介されている記事やその他 SNS のプロフィール URL を設定しましょう。

- **認証アカウントへの変更**
競技種目やカテゴリーによって条件は異なりますが、チームや協会の広報担当者を経由して認証アカウントへの変更申請を行いましょう。認証マークは偽アカウントと区別をするために発行されているもので、アカウントの信頼性を担保してくれます。認証マークを取得できる選手は広報担当者経由で申請しましょう。

- **Instagram はビジネスアカウントに変更を**
ビジネスアカウントに切り替えると、プロフィールおよび投稿に対するインサイト画面を表示することができるようになり、投稿の閲覧回数などが見られるようになります。また、広告出稿も可能です。
ビジネスアカウントへの変更手順は以下の通り。
プロフィール画面右上にある「メニュー」＞「設定」＞「アカウント」＞「ビジネスアカウントに切り替える」

導入編

　続いて、ソーシャルメディア活用を進める際に意識しておきたいポイントをいくつかご紹介します。

- **固定ツイートの登録**

自身のことを最もよく表している投稿や記事を、**固定ツイートとしてタイムラインの一番上に表示**しましょう。プロフィールを見た後、さらに深い情報や人柄に触れてもらうという意味で固定ツイートは重要になります。

- **Instagram は最低でもフィード 9 枚は投稿するようにしよう**
  フィード画面をパッと見た時に投稿が少ないとフォローに繋がらないので、まず**最低でも 9 枚の写真を投稿する**ことによってアカウントを充実させよう。

- **" いいね " は注意 …?**
  多くの人が気軽に押している " いいね " ですが、次の二つの点に注意しましょう。
    - Twitter の " いいね " は、**他の人のタイムラインに公開・拡散されている**ことを認識する
    - どの投稿に " いいね " をしたのかを気にしている人・メディアもいるため、**モラルに欠ける投稿には " いいね " を押さない**こと

- **ファンとの距離感の取り方**
  ソーシャルメディアと付き合っていく上では、ファンとの距離感をどのように取るのかがとても重要です。コメントや DM でアスリートとファンが直接やり取りをすることができるようになり、より身近なコミュニケーションが取れるようになった一方で、心無いコメントや執拗な連絡にストレスを抱えている選手も存在します。元ドイツ代表 GK ロベルト・エンケは鬱病を患い、2009 年に自らの命を絶ちましたが SNS の登場によりエンケの鬱の症状はさらに重くなっていきました。ソーシャルメディアとの上手な付き合い方は、より一層重要になっていくことでしょう。

アスリートのSNSは武器になる

　ここまで、第1章と第2章ではアスリートがソーシャルメディアを活用するようになった経緯とその理由について説明してきました。

　情報流通経路がテレビからスマホへ、マスメディアからソーシャルメディアへと移行していく過程で、あらゆる領域で中央集権から分散への流れが押し寄せています。("ソーシャルメディアが最高で、マスメディアはダメだ"という二元論ではなく、ソーシャルメディアの台頭によってマスメディアの効力が目減りしているというグラデーションの話であることも付け加えておきます。)

　競技者としての現在価値を高めながらポジティブな形でセカンドキャリアに備えられる点において、アスリートとソーシャルメディアは相性が良いことを改めて感じています。

　正しく活用すれば、アスリートのSNSは武器になる。

　この後に続く第3章では、アスリートの実際の投稿例を交えながら、具体的なソーシャルメディア活用術についてご紹介していきます。

第3章 事例から学ぶソーシャルメディア投稿術

この章では、すぐに真似して実践できるような事例から先行事例まで、アスリートのソーシャルメディア活用の事例について幅広く紹介しています。トップアスリートからマイナーアスリート、チームスポーツから個人スポーツまで、幅広く事例をチョイスしています。

　前半では、ファンを増やすコミュニケーション促進の投稿事例を紹介し、後半では「収入増加」「広義のキャリア形成」につながる投稿事例を紹介しています。リツイート数やいいね数ではなく、多くのアスリートの参考になること、再現性が高いことを基準に事例を選考させていただきました。それぞれの事例紹介に対する解説コメントに加えて、著者陣からのコメントを添えた形で掲載しています。

　メジャー競技のトップアスリートであれば、試合結果や日常生活に関する投稿を続けるだけでも、ソーシャルメディア上で一定以上のフォロワー、エンゲージメントを獲得できます。

　一方、認知度・知名度がそこまで高くないアスリートがソーシャルメディアを有効活用しようとする時には、コンテンツ（＝発信内容）を工夫することが重要になります。
　しかし、このコンテンツ作りが、最も悩ましい部分です。

　まずは、ファンがアスリートのSNSに対して、何を求めているのかを理解する必要があります。どんなコンテンツをファンは見たい・知りたいと思っているのか、アスリートだからこそ発信できるコンテンツは何なのか。
　また、選手のキャラクターが十人十色であるように、選手にフィットするコンテンツも異なります。この章に掲載している活用事例を参考に、自分にはどんなコンテンツがフィットするのかをぜひ一度考えてみてください。

今回ご紹介させていただいた事例については、多少なりとも抜け漏れや偏りが出てしまっている部分があると思います。「こんな事例もあるのに！」「この選手も入れるべき！」というご意見がある方は

#アスリートSNS本

のハッシュタグをつけて、是非ツイートしてください！（著者陣がリツイートしにいきます！）

ファンを大切にしたい	ファンを会場に呼びたい	3-1
上手にハッシュタグを使いたい	ファンを会場に呼びたい	3-2
競技のファンを増やしたい	ファンと繋がりたい	3-3
ファンに親しみを持ってほしい	試合外でもチームに貢献したい	3-4
ファンにサプライズを与えたい	ファンを会場に呼びたい	3-5
地元のファンと繋がりたい	ファンと共感したい	3-6
ファンを増やしたい	スポンサーを増やしたい	3-7
ファンに親しみを持ってほしい	今までとは違うファンを増やしたい	3-8
ファンに生き様を知ってほしい	試合外でもチームに貢献したい	3-9
ファンとオフラインでも繋がりたい	ファンベースを可視化したい	3-10
口コミを発生させたい	クラブのアカウント運用を知りたい	3-11
YouTubeを始めたい	どんなコンテンツを作ればいいか	3-12
noteを始めたい	ファンに自分のことを知ってほしい	3-13
アスリートならではのコンテンツ	ファンに自分のことを知ってほしい	3-14
競技ならではのコンテンツ	競技のファンを増やしたい	3-15
ファンに真実を知って欲しい		3-16
競技以外のことに挑戦したい	競技とは異なる軸のファンを増やしたい	3-17
自分では運用できそうにない		3-18
競技のファンを増やしたい	スポンサーをもっと増やしたい	3-19

ソーシャルメディアを越えた ファンとの関係作り
武岡優斗選手

　2019 明治安田生命 J2 リーグの第 10 節ヴァンフォーレ甲府 vs 京都サンガの試合にて武岡選手自身が実施した「41 ユニ」企画を紹介します。

　武岡選手の背番号 41 番のユニフォームを購入しているサポーターを試合終了後のピッチサイドに集めて一緒に記念撮影する、という内容でした。

　この企画で素晴らしかった点は「①自身とクラブを熱心に応援してくれているファンを大切にしている点」と「②自らニュースサイクルを創り出している点」の二つです。

　クラブおよび自分にはどのようなファンがいるのかを理解し、そのファンに喜んでもらうこと、スタジアムにまた足を運んでもらうことは選手・クラブともに非常に重要なことです。熱心に応援してくれるファンを大切にするファンベースの考え方は、近年ビジネスシーンでも非常に重要視されており、その効果は「8 割の売上は 2 割のコアファンが作る」というパレートの法則でも証明されています。

　また、自分という商品にお金を出してくれる、応援してくれる、誰かに薦めてくれるファンがどんな人で、およそ何歳くらいで、なぜ応援してくれているのかを理解することによって、ファンサービスや自らのキャリア形成を考えるマーケティング活動を行うことが可能です。「41 ユニ」

企画に参加されたサポーターの皆様は、武岡選手の人柄や取組みに触れ、武岡選手のことを一層好きになったのではないかと思います。

また、この「41ユニ」企画の取組みがSNSを通じて世の中に発信されることで、サッカーファンの間で話題となり、他のJクラブの選手にも波及していくことになりました。このように、オフラインの活動をSNS上で情報発信することで、**自らニュースサイクルを創り出すこと**が可能です。

所属クラブの全ファン・サポーターに喜んでもらうことは難しくても、自分自身を熱烈に応援してくれる10人のコアファンに喜んでもらうことはそこまで難しくないはずです。

#サッカー #Twitter @yutotakeoka17

https://twitter.com/yutotakeoka17/status/1119921032796598272

第3章　事例から学ぶソーシャルメディア投稿術　69

そうして生まれた濃い熱狂は、いつか大きな波となって自分自身にも所属クラブにも好影響をもたらすことでしょう。

スタジアムに足を運んでいる熱いファンとの距離を縮めてて良いね。エンゲージメントが高まる施策かと。

発信の頻度がコンスタントなのが良いですね。1日に複数回呟けているので、続けていることが大事。

3-2

選手起点で生み出す
ファンムーブメント

籾木結花選手、都倉賢選手

アスリートのソーシャルメディアを起点として、多くのファンを巻き込んだムーブメントが起こる様子を最近では数多く目にするようになりました。その中でも今回は籾木結花選手（日テレ・ベレーザ）と都倉賢選手（現 セレッソ大阪所属、当時 北海道コンサドーレ札幌所属）の事例を挙げたいと思います。

この事例のポイントは「①選手起点である点」と「②クラブが賛同して、選手と一緒に企画を盛り上げた点」です。今回掲載させていただいた籾木選手および都倉選手の事例は、第1章で述べた「共感の集積地＝選手」をまさに体現した好事例となります。

5,000人満員プロジェクト

日テレ・ベレーザ所属の籾木選手が2018年から2年連続で実施しているプロモーションが、5,000人満員プロジェクト。日本代表として2019 FIFA女子ワールドカップにも出場した籾木選手が「プロデューサー＝もみP」に扮して、様々な企画やオリジナルグッズを考案し、SNSで想いや取組みを発信することで、多くの共感を集めました。

ベレーザの公式アカウントやチームメイト、対戦相手のINAC神戸レオネッサの選手もこの動きに参加し、試合当日は目標の5,000人に程近い4,663人の来場者数を記録。なでしこリーグ1試合あたりの平均入場者数が約1,400人であることを考えると、普段の3倍以上の入場者数となりました。

#サッカー #Twitter @nicole_m09

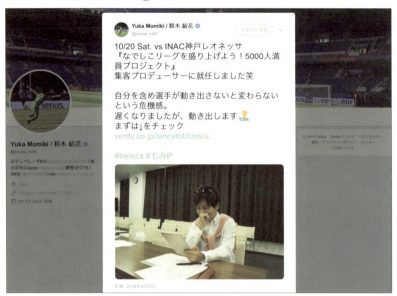

https://twitter.com/nicole_m09/status/1044574256653160449

行くぞACL

　2018年シーズン、惜しくもACL行きを逃したコンサドーレ札幌でしたが、都倉選手が起点となって拡散した「行くぞACL」のムーブメントが大きな話題を呼びました。

　#行くぞACLのハッシュタグは、ファンや選手、クラブへと次々に波及していき、2019年11月時点で#行くぞACLのハッシュタグはTwitter上で1万3千回強も投稿されています[*1]。

　また、SNSを越えて大小様々なメディアに取り上げられ、まさに選手自らがニュースサイクルを作った好事例であると言えるでしょう。このようなムーブメントを起こそうとする時、**短く・分かりやすく・検索しやす**

[*1] 株式会社ホットリンクが提供するソーシャルメディアマーケティングツール「BuzzSpreader」調べ

いハッシュタグを考えられると、ファンは乗っかりやすくなります。

#サッカー #Twitter @tokurasaurus

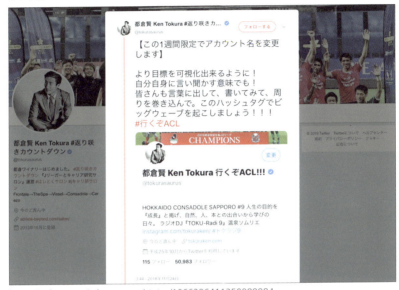

https://twitter.com/tokurasaurus/status/1066296411250089984

サッカーは地域に根ざしているスポーツだと思うので、選手自身の「顔」が出ることが非常に意味あることだと思います。選手自身が熱を持って取り組むことが大事です。

選手のアカウント名は貴重な広告スペースなので、ここをちゃんと活用できているのが良いですね。SNSユーザーと触れるシーンも多い箇所なので、活用が重要だと思います。「リハビリの時に選手はどう思っているのか」という希少な情報が呟かれていて、一個人としても気になることが多い。

第3章　事例から学ぶソーシャルメディア投稿術　　73

アスリートの特権、スキルシェア
藤本純季選手、横田陽介選手、三浦優希選手

　競技特性や選手個人のキャラクターが違えば、選手に適したコンテンツも当然千差万別です。しかし、その中でもアスリートの突出した技術を伝える「スキルシェア」と、 3-4 でご紹介する「ビハインドザシーン」は比較的誰でも取り組みやすいコンテンツです。

#ハンドボール #Twitter @junki07handball

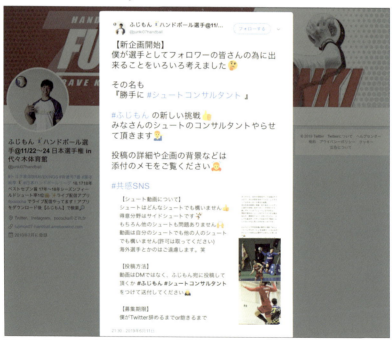

https://twitter.com/junki07handball/status/1138664754073878528

アスリートのファンであれば、その大部分が競技のファンです。アスリートのフォロワーも必然的に競技自体のファンが多くなります。つまり、トップレベルのアスリートが、競技のスキルについて映像を交えて解説してくれたら、ファンにとってはこれ以上のコンテンツはありません。

#フリースタイルフットボール #Twitter @yosukeyokota

https://twitter.com/yosukeyokota/status/1115467786870902789

#アイスホッケー #Twitter @yukimiura36

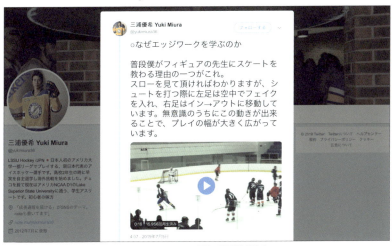

https://twitter.com/yukimiura36/status/1147099721887936512

日本ハンドボールリーグ トヨタ車体 BRAVEKINGS 所属の藤本純季選手は、自身の特徴であるサイドシュートのスキルを「#シュートコンサルタント」のハッシュタグを付けて、プレー映像と一緒にコツを紹介しています。

　フリースタイルフットボールの横田陽介選手は「#横田の宿題」と題して、映像を中心にフリースタイルの技を1日1個投稿しています。また、アメリカ NCAA の Lake Superior State University アイスホッケー部でプレーしている、学生アスリートの三浦優希選手は、日々のトレーニング内容と狙いについて、映像を交えながら解説しています。

　ここで紹介した3選手は、それぞれの競技におけるトップ選手ですが、マスメディアに頻繁に取りあげられる程の知名度は現状持ち合わせていません。しかし、自らの突出したスキルを動画＋テキストにて解説することによって、SNS を中心にファンからの注目と共感を集めています。

　スキルシェアの投稿はハッシュタグを決めて定番化することで、フォロワーがそのスキルにチャレンジして投稿するサイクルを作れます。**アスリートが取組みやすく、ニュースサイクルを作りやすい**ことから、スキルシェアの投稿は非常にお勧めです。

各スポーツの専門的な「スキルシェア」を動画に上げることにより、UGC としてその技をやってもらうことが大事です。そしてその UGC に共通したタグなどを拾うことも大事です。

三浦選手は「自身を俯瞰して言語化できるチカラ」に長けている。スポーツがキッカケで知る機会がなかった人も、SNS を通して彼自身に興味を持ち、その後自身のプレーするスポーツの裾野を広げていくことが素敵だと思います。

ビハインドザシーンは最高のコンテンツ
杉本健勇選手、都倉賢選手

　アスリートが着手しやすいコンテンツの一つに「ビハインドザシーン」が挙げられます。ビハインドザシーンとは、ファンが普段見ることができないアスリートの一面のことで、極論は試合以外の全てがビハインドザシーンにあたります。

　ソーシャルメディアを通じてビハインドザシーンの情報発信を行うアスリートが増えたことによって、ファン・サポーターは選手のことをより身近に、親しみをもって応援することができるようになりました。

　杉本健勇選手が投稿しているフィジカルトレーニングの様子は、普段なかなかファンが見ることができないアスリートの一面であり、動画＋テキストで杉本選手の視点を伝えることで大きな反響があった投稿です。

　アスリートは公式のトレーニングや試合以外の時間においても、パフォーマンスを高めるべく様々なアプローチを繰り返しており、**食事・トレーニング・クールダウン・睡眠・日々の何気ないルーティーン**に至るまで、その全てがビハインドザシーンとしてコンテンツになり得ます。

　また、都倉賢選手が日々のリハビリの様子を投稿している「#返り咲きカウントダウン」もまさにビハインドザシーンの好例と言えます。身体一つで勝負をしているアスリートに、怪我はつきものです。アスリートは負傷期間中はプレーすることができず、直接的に試合でチームに貢献することが出来ません。

第3章　事例から学ぶソーシャルメディア投稿術　　77

しかし、都倉選手は「#返り咲きカウントダウン」でリハビリの過程を発信することで、ファンに対して話題提供を行い、プレー以外の側面でチームへと貢献しています。
　また、このハッシュタグは他のアスリートやファンにも伝染し、リハビリからの復帰を目指す投稿が数多くソーシャルメディア上に投稿されています。

　競技から離れた何気ない日常や私生活も、ビハインドザシーンの一つとなります。
　また、**チームメイトや他競技・他業界の友人と一緒に撮った写真を投稿する際に、お互いのアカウントをタグ付けする**ことでフォロワーの相互交換が起こるのでお勧めです。

#サッカー #Twitter @varenti41

https://twitter.com/varenti41/status/1170236517991583744

#サッカー #Twitter @tokurasaurus

https://twitter.com/tokurasaurus/status/1135381062270328832

選手ごとの強みやポジションによってトレーニングが変わるので、選手ごとに切り口が変わる。トレーニングも気になるし、プロがどうやっているのかも気になりますよね。

怪我でリハビリ中の選手が毎日何を考え、どんな日々を過ごしているかは、クラブの中にいる私も実はほとんど知りません。こういった当事者にしか発信できないコンテンツは希少性もありますし、復帰までのストーリーが自然に発信できるので、新たなファンの獲得にも有用だと思います。

第3章 事例から学ぶソーシャルメディア投稿術　79

試合と連動したサプライズ企画
山﨑康晃選手

　横浜DeNAベイスターズで活躍する山﨑康晃選手は、SNSを最も上手く活用しているアスリートの一人です。野球日本代表 侍ジャパンの活動がある時は、チームメイトと一緒に撮ったオフショット写真を投稿したり、自身について言及されたファンの投稿をリツイートすることで、SNSを通じてプレー以外の側面でも多くの話題を提供しています。

　今回紹介する事例は、2018年シーズンの試合当日に山﨑選手が実施したサプライズ企画です。横浜スタジアムの観客席にあるドリンクホルダーにサイン入りボールを仕込み、それを試合当日にTwitterで告知

#野球 #Twitter @19Yasuaki

https://twitter.com/19Yasuaki/status/1031077462199812096

することでファンの間で大きな話題となりました。

　日本球界を代表する選手が主体的にこのような企画を実施している点は（良い意味で）驚きですが、一連の企画は球団側と連携が取れた動きであると思います。球団側としてもファンの皆さんに試合を楽しんでもらうこと、ひいてはスタジアムにまた足を運んでもらえることが重要であり、観戦体験の価値向上に直結するこのような選手起点の企画は理想的です。実際にサインボールが当選したファンは、シンプルに嬉しいですよね。

　オンライン・オフライン問わず、試合以外の部分でもファンに喜んでもらえるアクションを日々考え、実行している山﨑選手。マイナー競技の選手であっても、山﨑選手のソーシャルメディア活用術を参考にできる部分が沢山あるはずです。要チェック！

サプライズでサインボールをプレゼントする。本人があらかじめツイートすることがよかった。

これは面白いですね。チームと選手が協力して取り組んでますし、互いの関係性が良好じゃないと難しいと思います。是非、自分たちのクラブでも今後の実施を検討してみたいと思います（笑）。

第 3 章　事例から学ぶソーシャルメディア投稿術　　81

3-6
地域に愛される投稿術
関口訓充選手、菅和範選手

　サッカー、バスケットボール、野球などのプロスポーツは、地域に根づく形でクラブ運営がなされています。スタジアムに足を運ぶファン・サポーターの大半は地域に住まう人であり、スポンサー企業の多くも地元の企業です。地域に愛されることはスポーツクラブにとって重要なことです。したがって、アスリート個人も地域と積極的に交流し、地域から応援してもらえる存在になれると良いでしょう。

　ソーシャルメディアを活用した地域との交流は、少しの工夫で実践することが可能です。

　例えば、ベガルタ仙台所属の関口訓充選手は、**ひと目で店名が分かるような写真と一緒に、馴染みのお店を紹介するコメントをツイート**。クラブが地域に根づいているだけに、当然ながら選手個人のソーシャルメディアのフォロワーも当該地域の方の割合が高く、関口選手のこのツイートを見てお店に足を運んだ人も多いのではないでしょうか。
　チームメイトとの食事の様子をSNSに投稿する際は、このような少しの工夫を加えて、地域に愛される投稿ができると非常に良いと思います。

　また、栃木SC所属の菅和範選手は、足を運んだ地元のケーキ店を位置情報付きで投稿。個人的なシェフとのストーリーも添えて紹介することで、お店の告知になるだけでなく、地元の方々とのエンゲージ

#サッカー #Twitter @kuni32kun

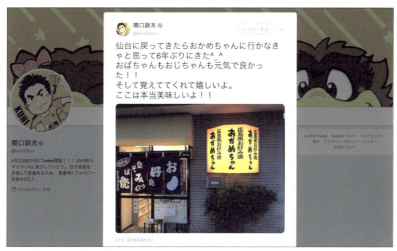

https://twitter.com/kuni32kun/status/1003942842971054080

#サッカー #Instagram kazunorikan.official

https://www.instagram.com/p/BvBTToYgaFl/

第３章　事例から学ぶソーシャルメディア投稿術　　83

メントが高まって試合への来場促進も期待することができます。

　ただし、位置情報やお店が特定できる投稿は、自身が退店してから行うようにしましょう。

　アスリートは移籍に伴い、活動地域が変わってしまうこともありますが、裏を返せば様々な地域にファンベースを築くことができるということです。
　地域と良い関係を築けていれば、移籍後や引退後であっても、その地域に根差して様々な活動ができる可能性があります。地域に愛されることは選手個人のキャリアにとってもプラスに働きます。

　SNSを活用して地域のハブとなり、地域から愛される選手を目指しましょう！

インスタで投稿するときに位置情報や看板を出すことで、選手が地域を好きだということが大事。地元の人たちからすれば、「ここに来たら選手と会えるのかも？」と思うかも。地元の飲食店としても嬉しい話だし、飲食店としても選手の所属クラブのために貢献したい気持ちが出てくるはず。

「自身がアスリートであることの価値を最大化する」という考え方が伝わってきて、クラブ目線としても大変有り難い限りです。地元のスポンサーが運営する施設などにも足を運んでくれることに感謝。

SNSはファンとの交流の場
森田真結子選手、本庄遥選手

　メジャー競技のアスリートの収入源は、所属先から支払われる固定給や勝利給、賞金、スポンサー収入などが主となります。一方、マイナー競技のチームや競技団体の多くは予算が限られており、選手への固定給や勝利給を満足に支払うことができません。
　また、企業が所有する実業団チームに在籍していれば、社員として給料を貰いながら競技に励むことができますが、そのような後ろ盾のない競技・チームが多く存在することもまた事実です。

　一般企業で働いたりアルバイトをしながら、競技に取り組んでいる選手も多く存在する中、女子ダーツの森田真結子選手（通称 まよんぬ）と女子ソフトボールの本庄遥選手は、個人スポンサーを獲得することで競技活動に必要な資金を担保しています。

　森田選手はソーシャルメディア活用について「マイナースポーツだと選手のリアルを伝えてくれるようなメディアはほとんどありません。私にとってSNSとは、普段勝ち負けという結果しか見えないスポーツに彩りを添えるものだと思っています。選手がどんな思いを持って試合に挑んでいるのかを気軽に知ることができますし、競技に興味のなかった方まで私のことを応援してくれるようにもなりました」と言います。森田選手は**オフラインで様々な活動をしており、その様子をSNSでアウトプット**し続けています。結果、最近ではテレビをはじめとしたメディア出演も多くなり、ダーツ界全体の認知度向上に大きく貢献する存在となっています。

#ダーツ #Twitter @mayodarts

https://twitter.com/mayodarts/status/1192727805915586562

大事なのは、本人が沢山ツイートをしていること（4万を越えるツイート）。他の興味関心（温泉etc）と絡めることで、将来的な取り組みがある。

マイナー競技を選手自身で盛り上げようという姿勢が素晴らしいと思います。競技自体の普及に務めている姿は、その競技に携わる人にとって貴重だと思います。

また本庄選手は「私にとってのSNSはファンの方々と気軽に繋がることができる、交流の場です。私がオーストラリアにソフトボール留学をしたとき、現地の出来事をリアルタイムでお伝えすることが出来たのはSNSのお陰でした。」と言います。SNSをコミュニケーションの場と捉え、ファンとともに自らの競技生活を加速させている姿が印象的です。

　両選手の事例を見て分かるように、競技のレベルや認知度に関係なく、SNSを活用してファンやスポンサーを獲得することは可能です。SNSはコミュニケーションの場所であるということを念頭に置きながら、自分ならではの発信内容を模索してみてください。

#ソフトボール #Twitter @number_1h

https://twitter.com/number_1h/status/1190051951494385664

Twitterも活用しているものの、他のSNSも積極的に活用していて、SNSごとに様々な切り口がある。

第3章　事例から学ぶソーシャルメディア投稿術　　87

サイドストーリーで広がる
ファンの輪
町田也真人選手

　松本山雅FC所属の町田也真人選手は、InstagramのストーリーでQuestionを受け付けたり、Twitterでは試合の結果報告だけにとどまらない自由な使い方をされていて、町田選手のSNSを楽しみにしているファン・サポーターが数多くいます。

　町田選手が2019年の10月に「右耳が聞こえない」旨を報告したツイートは、驚きとともにサッカーファンの間で拡散されました。町田選手はテクニックと運動量でチームに貢献するMFで、そのプレーからは右耳が聞こえない様子は全く伺い知ることはできませんでした。このツイートに対する返信や引用リツイートの内容を見てみると「私も片耳難聴だけど、頑張ろうと思った」「子供がサッカーに興味を持ち始めて

#サッカー #Twitter @yamato_m10

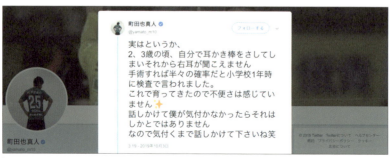

https://twitter.com/yamato_m10/status/1179702559348412417

いて、難聴だからやらせるかどうか迷っていたけど、本人の望み通りやらせてみようと思いました」など、様々な共感や感謝の声が上がっていました。

町田選手はこのツイートをしたことで、既存のファンとは違う層から関心と支持を集めることになりました。また、既存ファンの皆さんからも「もっと応援しようと思った！」といったコメントが寄せられ、好意度（エンゲージメント）が高まっている様子が見られました。

ピッチ上で見えている競技者としての姿を軸に、**それ以外の個性・想い・活動・習慣などのサイドストーリー**も併せて世の中に発信していくことで、これまでとは違ったファン層に情報を届けることが可能になるでしょう。

自身の難聴をカミングアウトしたことにより、同じような境遇にいる人たち、何かしらのハンディキャップを抱えている人たちにとって、希望が見い出せる素晴らしい投稿であったと思います。

選手の何気ないカミングアウトなどを、選手自身の言葉で直接伝えている例だと思います。着飾るわけではなく、自然かつ真摯に伝えたい内容を届けるための場としては、SNSはフラットな世界である分、見た人からも感想を伝えやすい場であると思います。

第3章　事例から学ぶソーシャルメディア投稿術

3-9

ファン・サポーターと歩んだ復帰までの道のり
早川史哉選手

　早川史哉選手は、2016シーズンにアルビレックス新潟に加入したプロサッカー選手です。早川選手はプロ入り1年目の2016シーズンに急性白血病を患い、3年後の2019シーズンに公式戦復帰を果たしました。2019シーズンの後半戦にスタメン出場した後は、継続的に試合に出場し、サイドバックとしてチームに欠かせない存在となっています。

　早川選手は、急性白血病の発症から闘病、リハビリ、試合復帰に至るまでの過程を自らの言葉でAmebaブログに綴っています。また同時に、チームの公式携帯サイトでコラムを担当し、早川選手の視点からチームや試合に関して発信を続けてきました。

　早川選手が過ごした3年間の軌跡については、オフィシャルブログ『ただひたむきに[*2]』と書籍『そして歩き出す サッカーと白血病と僕の日常[*3]』をぜひご覧ください。早川選手は「僕にとってSNSは自分の生き様、価値観を共有するような存在」と言っています。

　早川選手がソーシャルメディアを通じて言葉を綴り、情報発信をしてきたことで、ファン・サポーターは早川選手がプレーできなかった3年間に寄り添い、そのストーリーを共有することができました。アスリートの価値を構成するStory VALUEは、キャリアにおける浮き沈みや葛

[*2]　https://ameblo.jp/fumiya-hayakawa0112/
[*3]　早川史哉『そして歩き出す サッカーと白血病と僕の日常』(徳間書店、2019年)

藤も含めて、その過程を世の中に知ってもらうことが重要です。早川選手はアルビレックス新潟の育成組織出身ということもあり、ファン・サポーターが復帰後の早川選手に寄せる想いは格別でしょう。また同時に、闘病中の多くの方に希望と勇気を届ける存在でもあります。

　大きなメディアに取りあげられなくても**ソーシャルメディアを通じて自ら言葉を紡ぎ、ストーリーを共有すること**ができる。そしていつか、そのストーリーはいつか大きな財産になることでしょう。

#サッカー ©Ameba 早川史哉オフィシャルブログ

https://ameblo.jp/fumiya-hayakawa0112/

ストーリー性があり、SNSでここまで来れたことが大事なのかなと。スポーツの枠組みを超えて、同様の境遇にいる人へ力強いメッセージを届けていることが感動的です。

インスタのストーリーとかで感想をリポストしているのは、ファンとも気軽に接点が持てるので親近感がありますよね。ハッシュタグで、気軽に接点を持てるのが良いですよね。

第3章　事例から学ぶソーシャルメディア投稿術　　91

3-10

SNSを通じたファンとの繋がりは、アスリートの資産
中井健介選手、安彦考真選手

　この本の中で、SNS はファンとコミュニケーションを行う場であるということを繰り返し述べてきました。そして、SNS を通じて行われるファンとのコミュニケーションを、オフラインのコミュニティへと連動させている選手がいます。

　フットサルの中井健介選手は Twitter で 1.5 万人以上のフォロワーがいることに併せて、「#名刺交換よりパス交換」というフットサル好きが集まるコミュニティを運営しています。「#名刺交換よりパス交換」のコミュニティに参加しているメンバーは、フットサルが好きという以上に、中井選手の人柄や想いに惹かれ、集まっています。中井選手は「僕にとって SNS は今の時代にあった最高の武器」と言っています。

　また、現在は自ら「FC.NAKAI」を立ち上げて、全日本フットサル選手権[*4]で日本一を目指しており、YouTube を通じて配信される挑戦の過程に、多くのファンが注目しています。

[*4] 毎年3月上旬に行われる、フットサル日本一を決める大会。日本フットサルリーグや地域サッカー協会から32チームが参加している。2019年までに24回開催されている。

#フットサル #Twitter @kensuke_nakai

https://twitter.com/kensuke_nakai/status/1026093677515436033

スポーツでは「物語を売る」というのも大事な要素であるため、動画でこのように軌跡を残す姿勢が凄いと思います。

　また、年俸0円Jリーガーとして話題の安彦考真選手は、2019シーズンの開幕戦への観客動員を目的に、ソーシャルメディアを通じて2000人動員プロジェクトを発足。安彦選手のJリーグデビューを楽しみに、多くのファンが試合会場へ足を運びました。

#サッカー #Twitter @abiko_juku

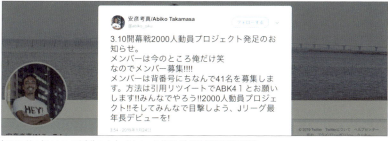

https://twitter.com/abiko_juku/status/1088404644420702209

第3章　事例から学ぶソーシャルメディア投稿術　　93

両選手に共通する特徴として、ソーシャルメディア上でファンと双方向のコミュニケーションをとっていることや、ピッチ内外における自分の活動や想いを発信し続けていることが挙げられます。

ソーシャルメディアを通じて個人を応援してくれるファンベースを築くことができれば、それはアスリートにとって大きな財産となります。所属チームにとっても、**熱量高く応援してくれるファンベースを持つ選手**の存在は貴重です。

　これまで、選手の価値を測る指標は Player VALUE がその全てでしたが、今後は Market VALUE や Story VALUE 優位のアスリートも増えてくるはずです。中井選手や安彦選手は、その好例中の好例と言えるでしょう。

ファンとの交流が良いですよね。キャッチフレーズを作ることは大事です。「自分のことをどれくらい好きか？」というフォロワーのマインドシェアの状況によって、リアルで交流する場が考えられていて、とても良い事例である思います。スポーツの裾野も広げていますよね。

自身が納得して、自身が伝えたい内容を届けようとする姿勢が、シンプルですが良いと思います。オンリーワンな存在として、中井選手自身が「仕掛け人」としてプロモーションに取り組んでいることも見逃せません。

3-11

オフラインで生み出す口コミ（UGC）の力
レバンガ北海道

アスリート個人がSNSを運用せずとも、ソーシャルメディア上で話題になるコミュニケーションを生み出すことは可能です。

#バスケ #Twitter @levangakousiki

https://twitter.com/levangakousiki/status/1079221765048459269

Bリーグのレバンガ北海道に所属する松島良豪選手は、ホームゲームの試合前に『劇団松島』として様々なパフォーマンスを自ら披露して会場を盛り上げています。今やバスケットボールファンに広く知られる人気企画となっています。また、チームの公式Twitterで投稿された劇団松島のパフォーマンス動画は17万回以上の再生数を記録し、ハッシュタグ「#劇団松島」でTwitterやInstagramを調べると、沢山のファンの投稿を見ることができます。

　2017年1月以降にTwitter上で「劇団松島」というワードがどれだけツイートされたのかを調べてみたところ、なんと約2年間で約1万9千回も投稿されていました[*5]。

　イチロー選手がシーズン前のキャンプで着用し、メディアに毎年取りあげられて話題を呼んでいたユニークすぎるTシャツも同じ原理が働いています。イチロー選手の場合はその注目度の高さから、マスメディアが連日報じていました。ソーシャルメディアが普及した現代においては、イチロー選手ほど注目度が高くない選手やチームであっても、ソーシャルメディアを起点にニュースサイクルを生み出すことが可能になってきています。

　試合やトレーニング等、ファンが集まる場でソーシャルメディア上に口コミが発生するような仕掛けをすることができれば、必ずしもチームや選手が必死にアカウント運用をする必要はなくなります。ファンがコンテンツを生み出し、拡散してくれるのですから。口コミ（UGC）の原理と重要性に関する詳細は、第4章をご覧ください。

[*5] 株式会社ホットリンクが提供するソーシャルメディアマーケティングツール「BuzzSpreader」調べ

最後に、松島選手のコメントを紹介させていただきます。

「選手がここまでやるのは異質だと思いますが、何かを新たに始めるとすごく浮いたり、批判を受けたりするものです。『お前は選手だからバスケットだけをやれ』と言われることもあったりしますが、バスケの発展のために面白いヤツが一人でもいたら。また、これをきっかけに試合会場に足を運んでもらってレバンガ北海道が楽しいチームで、バスケットボールが面白いと感じてもらえたらいいと思います」*6

松島選手はSNSを1個もやっていないけれど、企画が起点となってクチコミが生まれています。SNSアカウントを持つことは、必ずしも選手全員が取り組む必要はなく、クラブ、チームから仕掛けや拡散を促した良い例であると思います。

試合に出ているにも関わらず、試合前でもパフォーマンスを主体的にやる姿勢が他の競技では真似できない場合もありますが、選手自身が会場を盛り上げる姿勢が素晴らしい分、レバンガ北海道が誇れるバズコンテンツを生み出せているのだと思います。

---

*6　バスケット・カウント『Bリーグアワードで強烈なインパクトを与えた松島良豪の矜持「バスケの発展のために、面白いヤツが一人でもいたら」』https://basket-count.com/article/detail/5047

アスリートのYouTube進出
伊佐耕平選手、本庄遥選手

　Jリーグ・ヴィッセル神戸所属の那須大亮選手が2018年7月にYouTubeチャンネルを開設したことを皮切りに、アスリートも続々と

#サッカー #YouTube イサチューブ

https://www.youtube.com/watch?v=v4I4QyWDHzI

YouTubeに進出するようになりました。本田圭佑選手を始め、浦和レッズ所属の鈴木大輔選手、大分トリニータ所属の伊佐耕平選手、最近ではダルビッシュ有選手もYouTubeチャンネルをスタートしています。

　また、 3-7 で事例紹介している女子ダーツの森田真結子選手や女子ソフトボールの本庄選手もYouTubeにチャレンジしています。その他にも多くのアスリートがYouTubeを始めていますが、実際どのようなメリットがあるのでしょうか。

#ソフトボール #YouTube 本庄遥

https://www.youtube.com/watch?v=kM7DLXnvruE

第3章　事例から学ぶソーシャルメディア投稿術　　99

アスリートがYouTubeに投稿する動画のタイプは大きく分けると2種類で、スキル型かインタビュー型のどちらかが多くなっています。

　まずスキル型についてですが、プロ選手の**トレーニングの様子やテクニックのポイント等を実演し、解説を行う**内容です。そもそもスポーツは映像と非常に相性が良く、視聴者からするとプロ選手のスキルをじっくりと何回でも見られる非常に魅力的なコンテンツです。

　続いてインタビュー型は、**チームメイトや他チームの選手のキャラクターや経歴、想い**などを根掘り葉掘り聞いていく内容です。実際、ファンは思ったよりも応援している選手たちの素顔を知りません。そもそも、知る機会が少ないからです。そういった意味でも、選手のストーリーを深く知ることができるインタビュー型の動画は、ファンにとっても嬉しいコンテンツだと思います。

　YouTubeは収益性が高いことは周知の事実ですが、コンテンツ作りに要する労力やコストは他のソーシャルメディアと比べて桁違いです。とは言え、今後もYouTubeに進出するアスリートは増え続けていくはずで、その行方には引き続き注目していきたいと思います。

フォロワーとは様々なSNSから出会いの機会を作った方がよくて、YouTubeとしてコンテンツ化できる。前提が「動画を見よう」という中でYouTubeに辿れるので良いかと。

スポーツ選手の専門性を活かしやすいプラットフォームだと思います。おそらく今後はライトに撮って出しのようなコンテンツが増えると思うので、そうした媒体の特性にも適応していく人が目立ってくると思います。

3-13
noteに綴るアスリートの内側
芦田創選手、今林開人選手

　Twitter や Instagram の普及とともに、多くのアスリートが個人で情報発信をするようになりましたが、2018 年以降、note を使って、自身

#陸上 #note 芦田 創（はじむ）/Para Long Jumper

https://note.mu/ah_ws/n/n4d12429b86fb

の内面やストーリーを長文で表現するアスリートが増え始めました。今ではnoteを通じて「アスリートがどんな想いでプレーしているのか。」「アスリートのプレーの裏側には、どんな工夫や判断が存在しているのか。」等、様々なアスリートの内側が世の中へ発信されています。

　東京2020パラリンピック走り幅跳びで金メダルを目指す芦田創選手（トヨタ自動車）は、2020年9月1日の決勝戦の1年前となる2019年9月1日を皮切りに、1年間365日連続でnoteを更新することを宣言して、1年間のチャレンジを見える化しようと日々コンテンツを配信しています。

#体操 #note 今林 開人

https://note.mu/imakai/n/ncd550416e250

体操競技のあん馬で東京オリンピックを目指している今林開人選手は、自身の成長の過程をエッセイに昇華して情報発信しています。今林選手は「僕にとってSNSは自身を表現し、ブランディングするための場所」と言っています。

　「背中の傷も足の傷もまるで身長を刻んでいった家の柱のような、成長の印に思えたりもする。この先もまだ伸び続けていてほしい。もっと高いところに印をつけられるように。」

　是非、ご一読ください！

　かつて、メディアに"個"として取り上げられないアスリートは、自身の内面やストーリーをファンおよび世の中に知ってもらうことが難しい状況がありました。

　しかし、様々なソーシャルメディアが普及した現代においては、どんなアスリート、どんな個人でも自らがメディアとなり情報を届けることが可能な時代です。ソーシャルメディアを通じて、アスリートが自らの言葉で世の中に対してメッセージを発信する機会や場所は、今後更に増えていくことでしょう。

「自分で記事を書く」という意味はある。そして自分たちが本当に届けたい相手は競技媒体でも個人のnoteでも変わらない。noteは他のSNSとの相性も良いです。

アスリートにとって、noteを起点として活躍するプレイヤーが少ないので、今はチャンスだと思います。実際2人も手応えを掴んでいるわけですし、活用できると選手自身の可能性も広がります。

アスリートの日常生活
金正奎選手

アスリートがコンディションをキープするために普段から心掛けていることや食生活、ルーティーン等、そのどれもがソーシャルメディア上ではコンテンツ（＝発信内容）になり得るものです。

ラグビートップリーグの NTT Communications ShiningArcs でキャプ

#ラグビー #Twitter @shokei1003

https://twitter.com/shokei1003/status/1149640431338053635

#ラグビー #Instagram shokei1003

https://www.instagram.com/p/B0iiUz5BynY/

テンを務める金正奎選手は、ピッチ外の日常生活についてもソーシャルメディア上で発信をしています。トップアスリートである金選手の食生活や、オフの時間に取り組んでいる茶道は、ファンやスポーツ選手を目指す学生にとっては、それだけで非常に興味深い情報になります。

　食事に関してはどのような点を気にかけているのか、茶道が競技に対してどのような効果をもたらすのかといったことを、テキストで補足説明することで、更に独自性のあるコンテンツとなっています。

「戦国時代では、戦に行く前に茶道をしていたようで、その意味が少しずつ理解出来てきました。アスリートや多忙な方など動きっぱなしの人は、茶道で静を感じてみるのも良いかと思います。」

　日常生活における自らのこだわりやルーティーンを切り取って、ソー

第3章　事例から学ぶソーシャルメディア投稿術　　105

シャルメディア上に投稿することで、世の中から自分がどのように見られているのかを、アスリートは知ることができます。

このように、**ソーシャルメディアはテストマーケティングとして活用できる側面もあり**、自身のキャリアを仮説検証することも可能です。

まずは、自分の**何気ない日常生活を切り取って、ソーシャルメディア上に投稿してみる**ことから始めてみましょう。

食事量が凄いですね（笑）。食事はアスリートの栄養バランスを考える上でスポーツ少年にとっても有意義なものになりますし、興味関心についての投稿をすることで、また別の切り口を創出できると思います。

下部組織やユースの選手を見ていて、トップ選手の所作や食生活を参考にしているところは実際にあるので、青少年に対して需要が高いと思います。

3-15
スポーツのビジュアルやシーンを切り取る
中井飛馬選手、大村奈央選手、野中生萌選手

　スポーツはビジュアルによって言語を、国境を超えます。思えば、マラドーナの神の手やジダンの頭突き、モハメド・アリのガッツポーズなど、歴史的なスポーツの瞬間はビジュアルと共に時間と国境を越えて人々の記憶に刻まれています。これまでもこれからも、象徴的なビジュアルがスポーツの感動を生み、歴史的なシーンを創っていくことでしょう。

　ソーシャルメディアにおいても、競技の印象的なシーンやビジュアルを訴求することで、アスリートはスポーツ選手としての魅力・独自性を余すことなく伝えることができます。

　BMXの中井飛馬選手は**トレーニングの様子を映像で切り取り**、BMXが持つダイナミクスやスピード感をダイレクトに伝えています。中井選手は「僕にとってSNSは自分を世界にアピールできる場所」と言っています。

　サーフィンの大村奈央選手は競技中の写真だけでなく、**GoProを使って海の中で撮影した映像**を用いて、競技の魅力的なシーンを上手く伝えています。

クライミングの野中生萌選手の投稿で秀逸な点は、**スポンサーロゴがシーンを彩るアクセントになっている**点です。スポンサー企業は12万人以上のフォロワーを抱える野中選手のInstagramで、自社の製品やロゴを訴求したいところです。しかし、露骨すぎるアピールは競技の

#BMX #Instagram asuma_nakai

https://www.instagram.com/p/B2M4eOfA8Qo/

#サーフィン #Instagram naoomura

https://www.instagram.com/p/B1gPU4Dhd8S/?igshid=2m3tbneyamxk

世界観を崩します。野中選手のInstagramを見ると、スポンサー企業の製品やロゴが、シーンの中でナチュラルに訴求されており、参考になる部分が非常に多いと思います。

ここで紹介させていただいた三つの事例を見ても分かるように、Instagramはビジュアルやシーンを直感的に伝えやすいソーシャルメディアです。ダイナミックなシーンが多いエクストリームスポーツの選手は、Instagramと相性が良いと思います。

また、「**Instagramは世界観やブランドを訴求することに適している**」のですが、個人が運用する分にはそこまで肩肘張らなくても良いと思います。大前提として、SNSはコミュニケーションを取る場だからです！

#クライミング #Instagram nonaka_miho

https://www.instagram.com/p/BzeBqGQl_Lt/

個人にスポンサーがつくことが大事です。Instagramはアスリートに紐づく世界観を伝えやすいし、ブランドから見たら、その世界観に沿ったアスリートが見つかった場合に、その選手が醸し出す雰囲気に溶け込みたいと考えるはずです。スポーツ選手から見たら、客観的に自身がどのような選手なのかを認識しておくことも、SNSの「魅せ方」としては非常に大切です。

クラブやチーム、支援団体に協力してもらい、自身が活躍している姿のクリエイティブが使える座組みを作ることが大事かなと。ユーザーから写真をいただく場合もあるかと思いますが、肖像権や撮影者のクレジット管理などにも気をつけながら、適切に画像や動画を活用できると良さそうですね。

3-16
ソーシャルメディアを通じて行う意思表明
大迫傑選手

　第2章の「激変するアスリートとメディアの関係」のパートでお伝えした通り、ソーシャルメディア登場以前は、アスリートの発言やキャラクターは、基本的に四大メディア（TV/新聞/ラジオ/雑誌）およびWebメディアを通じてファン・サポーターへと伝わっていました。一方、大手メディアの大半は広告費にその収益源を依存しており、より多くの人に見てもらうこと（＝視聴率やPV数、購入者数）を目指した運営がなされています。

　結果、一部のジャーナリズムを欠いたメディアによって、脚色・歪曲した記事がアスリートが意図しない形で広く伝わってしまうケースが後を絶ちません。

　しかし、ソーシャルメディアが情報のインフラとなった現代においては、アスリートはマスメディアを介さずとも自らの意見を表明することができるようになりました。

　また、陸上の大迫傑選手はTwitterにて、自ら新たな陸上競技大会を作ることを宣言し、大きな話題を呼びました。大迫選手の事例で重要な視点は、この投稿が起点となり**SNS上だけでなくマスメディアにも大きく取り上げられるニュースサイクルを生むことができた**という視点です。

#陸上 #Twitter @sugurusako

https://twitter.com/sugurusako/status/1185362944269287425

　最近では速報性に優れたソーシャルメディアで発信された情報をマスメディアが後追いする構図が出来上がっており、個人の情報発信についても例外ではありません。

　大迫選手のような有名選手だからこそ特大のニュースサイクルが生まれたという側面は否定できませんが、**自らの意思をストレートに表明できるソーシャルメディア**の登場によって、アスリートとマスメディアの関係が徐々に変化し始めていることは事実です。

パーソナルメディアの影響力が強い現在、メディアの解釈が事実や本人の意図と異なった場合、自身で意思表示することができるアスリートが増えているように思います。

スポーツ選手としての実績もさながら、SNSを「個」としての意見を表明する場になっているので、選手の興味関心やオピニオンに共感するフォロワーが増えていくことから、エンゲージメントが高いファンも増えているように思えます。

3-17
キャリアを広げる情報発信
岡田優介選手、田口元気選手

「アスリートは競技だけやっていれば良い」のでしょうか。チームや個人のパフォーマンスが振るわない時に、競技以外のことに囚われてコンディションを落としてしまうようであれば、それは批判されて然るべきだと思います。しかし、誰に言われずとも常にアスリートは競技に対してストイックに向き合っています。そうでなければ、プロとして活躍し続けることはできません。

　その上で、アスリートは1日中トレーニングをし続けている訳ではありません。競技種目によって差はあれど、多くのアスリートにとって1日のトレーニング時間は2～3時間程度。個人トレーニングや休息、勉強や趣味等、それ以外の時間をどう過ごそうと、基本的には選手の自由です。そして近年では、競技以外の時間を活用して他領域へとキャリアを広げるアスリートが増えてきました。

　サッカー日本代表の槙野選手は、自身がプロデュースするヘアケアブランド「HALTEN」を昨年立ち上げました。Bリーグの京都ハンナリーズで活躍する岡田優介選手は、プロバスケットボール選手と公認会計士、経営者など複数の顔を併せ持っています。Fリーグのフウガドールすみだでプレーする田口元気選手は平日の午前中にトレーニングを行い、午後は不動産会社で働くデュアルキャリアの実践者です。

　しかし、アスリートが競技以外のことにチャレンジしようとすると、ど

うしても一部ファンからの批判がついてまわります。

このような批判に対して、ソーシャルメディア上では

①ストーリーとキャラクターを訴求し続ける
②良きタイミングを見計らう
③誹謗中傷は無視する

の三つがポイントになります。批判は受け入れるべきですが、誹謗中傷に耳を傾ける必要はないと思います。

特にチームスポーツファンの多くは、選手というよりもむしろチームのファンであり、応援するチームの勝敗を一手に担う存在がアスリートです。上記①②③をどこまで考慮するのかは選手個々のスタンスやメンタリティにも依りますが、より多くの人にピッチ外の活動も含めて応援してもらえることが理想的ではあります。

#バスケ #Twitter @ysk_okada

https://twitter.com/ysk_okada

#フットサル #note 田口元気

https://note.mu/genki_fgdr/n/nc385ddd1a793

キャリアの選択肢を広げる情報発信の好例ですね。スポーツマンとしてのキャリアと並行して、自身が表現したい価値観やブランドを世の中に広げることができています。オンラインとオフラインの垣根がなくなってきたので、こうした傾向は強まっていくでしょう。

岡田選手は「スポーツビジネス」の文脈で話を行っている。自分の意見も必ず言う。一般の人にも積極的に会話をしている姿も、親しみがわきやすいポイントかなと思います。

個人での運用が難しいときは……
小林祐希選手

　海外では SNS 専門のクリエイティブチームを組んで個人アカウントを運用するアスリートが増えており、数百〜数千万以上のフォロワーに直接リーチできる SNS アカウントは、多くの人に情報・コンテンツを届けられる選手個人のメディア（＝資産）として機能しています。そして、日本のスポーツシーンでもソーシャルメディア運用を基軸としたアスリートとクリエイティブチームとのパートナーシップが増え始めています。

　株式会社 Revive は小林祐希選手をはじめ複数選手とクリエイティブ

#サッカー #Twitter @iamyuuki4424

https://twitter.com/iamyuuki4424/status/1171742597083099137

パートナー契約を結び、SNS運用をはじめアスリートの様々なピッチ外の活動をサポートしています。

　時間とノウハウが足りないことによってソーシャルメディアを活用しきれないアスリートが多いなか、SNS運用やクリエイティブに専門性を持つ企業とタッグを組むことは現時点で一つの最適解であると思います。

　第2章で紹介したクリスティアーノ・ロナウド選手のInstagramが最たる例ですが、アスリートのソーシャルメディアには広告的価値を期待することができます。それは選手個人に対してだけでなく、所属クラブや競技団体に対しても利益をもたらすことが可能です。

　現状は外部のクリエイティブパートナーとアスリートが協業するケースが多いですが、理想としては所属クラブや競技団体がアスリートのソーシャルメディア活用を支援する体制がベストなのではないでしょうか。

クリエイティブパートナーと協業することにより、個々人が表現したいSNS活用が可能となる。その際に、互いにメリットを享受できる関係性になるため、Win-Winな関係を築くことができます。

Instagramを始めとした「ギャラリー」を作る際に、こうしたクリエイティブパートナーの存在は欠かせないと思います。選手の"手の込んだ"カッコいい写真を展開する上で、欠かせない動きだと思います。

第3章　事例から学ぶソーシャルメディア投稿術

ソーシャルメディアは
東京五輪への確かなステップ
林大成 選手

　林選手は大学卒業後は15人制ラグビーのトップリーグでプレーしていたものの、ラグビー人生で最大の目標として、東京五輪の金メダルを目指したいと一念発起し、7人制ラグビーへ転向。日本ラグビーフットボール協会と7人制日本代表チーム専属選手契約を結び、所属チー

#7'sラグビー #Twitter @Hayatai12

https://twitter.com/Hayatai12/status/1139831834953445376

ムがない形で活動しています。つまり、代表チームの活動がない期間は、練習場所と練習相手が存在しません。

そこで林選手は、ステップの練習パートナーを募集する企画をTwitter 上で開始しました。林選手は、練習パートナーとして手を挙げた方の所であれば、全国どこでも足を運び、1 対 1 のステップ対決の様子を #全国ステップチャレンジ というハッシュタグで発信し続けてきました。[*7]（詳しくは、Twitter で #全国ステップチャレンジ のハッシュタグを検索ください！）

現在では、林選手の投稿を見たアマチュアのラグビー選手やラグビーキッズ、プロ選手までも #全国ステップチャレンジ のハッシュタグを使って、1 対 1 のステップ対決の動画をソーシャルメディア上に数多く投稿しています。林選手が #全国ステップチャレンジ の取組みをソーシャルメディア上で実施した結果、フォロワー数は 4 ヵ月で約 4,000 人増となり、「世界中、定額で住み放題 HafH（ハフ）」を運営する（株）KabuK Style から、#全国ステップチャレンジ の活動における宿泊面での支援をスポンサードを受けたり、テレビ番組への出演も増え始めています。

自ら行動し、ソーシャルメディアを通して発信する一つひとつの投稿が、東京五輪金メダルへの確かなステップです。

[*7] トレーニング相手はラグビーのアマチュアやプロだけでなく他競技のトップ選手とも行っています。また、移動費は、全国ステップチャレンジ駆け出しの頃にクラウドファンディングで集まった100万以上の支援を活用しています。

東京五輪、将来的なコンペティションにおいて、自らが練習相手や資金的な援助を必要としている中、しっかりとスポンサーやファンを増やしていく取り組みが素晴らしいですね。タイミングとしても、ラグビーワールドカップの流れに乗れたことも良かったですね。

パートナーシップの在り方が変わってくると思います。これまでは仕組みが整っておりませんでしたが、SNSの登場により、個々人がスポンサーを直接引っ張ってこれるようになったことは、今後のアスリートにとって考慮すべき変化であるように思えます。

第4章 SNSマーケティングのプロに聞く「アスリートはソーシャルメディアとどう向き合えばいいのか？」

4-1
アカウント運用だけでは不十分

インタビュアー：澤山モッツァレラ

―― 五勝出さんの第1章、第2章、第3章を受けて、第4章ではアスリートが具体的にどうソーシャルメディアを活用していけばいいのか？ ソーシャルメディアマーケティングのプロフェッショナルである、株式会社ホットリンク執行役員CMOの飯髙悠太さんに伺います。

一握りのトップ選手を除くと、ほとんどのアスリートはセカンドキャリアに不安を抱えていると思います。「ソーシャルメディアを使ったほうがいい」と考える人は多いはずです。ただ、実行に移している割合はまだまだ少なく、成功しているケースはまれ。「アカウントを作ったものの、何を発信していいか分からない」アスリートも多いのではないでしょうか。

そんな状況を踏まえて、アスリートがファンを増やすためにまずは何をすればいいのでしょうか？

飯髙　発信ですね。

──バッサリいきますね（笑）。

飯髙 （笑）これだけでは不親切なので、もう少し噛み砕きますね。まず、この文脈だとソーシャルメディアに限定するのは難しいところがあります。というのは、よほどのメジャースポーツでない限り「ソーシャルメディア活用」と「地域に密着したイベント」って並列に語るべき話なんですよ。

──Twitter は、県境を超えての影響力を持ちにくい。ゆえに、全国区の人気を持っていないスポーツの発信力は地域に限定されると。

飯髙 そうです。そこを履き違えて「ソーシャルメディアが」「リアルイベントが」という話をしても意味がない。なぜなら、そこで語られるファンは同じ人たちである可能性があるから。

外に広げていくためにソーシャルメディアを使ってるのに、実は固定ファンの中でしか回ってない、みたいなことになる。その状態でさらに「バズる」という指向性を考えると、大きく見誤る可能性があると思います。

ソーシャルメディアの捉え方を、少し変える必要があるでしょう。そもそもソーシャルメディアって、分解すれば「パーソナルメディアの集合体」なんですよね。

──確かに、社会（ソーシャル）を分解したら個人（パーソナル）の集合になります。

飯髙 個人の集まりを社会と呼んで、そこにメディアをくっつけてるだけなんですよね、「ソーシャルメディア」という概念は。

例えば note はソーシャルメディアか？　と考えたら、note はパーソナルメディアなわけですよね。個人で発信する媒体ですから。ゆえに、note もソーシャルメディアだといえるんです。ここを履き違えると、「ソーシャルメディアマーケティング＝アカウント運用」という勘違いが生まれてしまうんですね。

――**そこはイコールではない。**

飯髙　ソーシャルメディアマーケティングとは、文字通り「ソーシャルメディアを使ったマーケティング」です。そう考えれば、ソーシャルメディア上でチームなり選手なりの口コミが多く生まれることが、目的になるはずなんです。川崎フロンターレであるとか、サンフレッチェ広島であるとか。

選手がソーシャルメディアで発信するのは、有効な手段の一つです。ただ、それが 1 対 n のコミュニケーションに終始するのでは意味がありません。あくまで、口コミが発露しやすいように行うことがポイントになります。

そう考えると、サッカーが 11 人でプレーするように、ソーシャルメディアマーケティングもまたチームでやるべきでしょう。控え選手も含め、すべての選手のアカウントを使って行うべき施策です。

――**団体競技の場合、個人にフォーカスすること自体に意味はないわけですね。**

飯髙　もう一つ言えるのは、団体競技においてチームと個人の目的は異なること。目的に応じて、運用方針を変えていく必要があります。

ソーシャルメディアを活用して、アスリートは何を得たいのでしょうか？セカンドキャリアを安定させたい、年俸を上げたい、モテたい（笑）、動機はいろいろありますよね。

一方、チームは動員を増やしたい、スポンサーを獲得したい、収益を増やしたい、などが目的に挙げられるはずです。スポンサー獲得は個人でもあり得ますけど、概ねこの2通りに分かれます。

そして、チームは選手のアカウントをコントロールしきれません。選手にとってソーシャルメディア運用の目的はチームと異なるし、選手個人には大小なり固定ファンもいるわけです。ある意味チームにとっての選手アカウントは、「口コミサイト」に近い性質があるわけですね。

ということは、ここのコミュニケーションでいかに口コミを発露させるか、と考えるべきなんですね。例えば試合の告知であったり「10名にユニフォームをプレゼントします」といった企画の運用は一方通行であり、典型的な 1:n 向け戦略です。

――確かにそれだと、フォロワーにしか広がりません。

飯髙 そうです。1:n ではなく、n:n で考える。「どうやって口コミを発生させるのか」という視点を持つことが、まずは重要になります。

そう考えると、誰が発信することによってお客さんが来るのか、見えてくるようになります。ソーシャルメディアは、選手が使うときとチームが使うときとでは、別軸で考える必要があるんですね。

4-2
フォロワーを増やすより
大事なこと

飯髙 例えば、ある選手がTwitterで8万フォロワーいたとします。1:nで運用すると、ざっくり8万人に届くわけです。

でも、例えばフォロワー数約100ぐらいのアカウントがたくさん居て、合計で1日8,000件ほど呟いたら、それだけで80万人に届く計算になりますよね。サンフレッチェ広島なら、「サンフレッチェ」というつぶやきが1日80万人の目に触れる。これぐらいの口コミが常態化していれば、例えばクラブが単体で80万フォロワーのアカウントを作る必要はないわけです。

口コミ戦略の特徴としては、レバレッジ（てこの作用）が利くこと。8万フォロワーのアカウントを80万フォロワーに伸ばすのは、何年かかるか分かりません。けれど、口コミを80万出すのは、レバレッジを利かせればより短期間で実現可能です。

そうなったときに、強いのはファンベースがあるところですね。具体的には、Jリーグのサポーター同士は口コミが出やすい環境にあります。

例えば、ある一般人がTwitterでベガルタ仙台の話題を出した時、普通の会話なら反応は少ないはずなんです。一般人ですから。でも、ファンベースがあるチームの話題なら、検索でたどり着くなりして誰かしら反応してくれる可能性があるわけです。

――「ベガルタ仙台」で Twitter 検索を掛ける人は、一定数いますものね。

飯髙 そうです。そこで 100 フォロワー同士のアカウントに会話が生まれて、その様子が拡散していく。口コミがゼロかイチかの瀬戸際だったのが、サポーター同士の会話を通じて口コミが生まれ、2、3、4……と連鎖していく。ファンベースを持つチームは、ソーシャルメディアマーケティングを仕掛ける上で有利な状況にあると思います。

――ここまで明快に、Ｊリーグのサポーターが持つマーケティング的な優位性を語れる人は少なかったと思います。うまく活用してほしいですが、こうした姿勢をＪリーグ全クラブに求めるのはなかなか難しい面もありそうですね。

第 4 章　SNS マーケティングのプロに聞く

飯髙　そうですね、まだまだJリーグのクラブは企業運営がレガシーな面もありますから。選手のアカウントには、いろいろ制限がかかっていると聞きます。

ただ、本来パーソナルメディアの集合体であるソーシャルメディアで「個人」の色を出しづらくすると、それは個性を消すことになります。極端に言えば、フォワードの選手に「センターバックをやれ、ヘディングだけやっていろ」と伝えるようなものです。

もちろん、クラブが管理をしないと選手がいろいろな放言をしたり、変な写真をアップしたりというリスクがあります。ただ、それはクラブや企業に関係なく、どんな市場でも起こりうること。メディアポリシーを策定し、選手たちを教育していくという当たり前のことをやればいいのにな、と思っています。

――とはいえ、マーケティング専任担当は不在、広報が1人で何役も兼務するクラブも少なくありません。パツパツの中、さらに30人の選手アカウントの管理をするのは厳しそうですね。

飯髙　10年後のクラブの動員数をどうするのか考えたら、やらざるを得なくなると思いますよ。遅かれ早かれ。未来への収益をどうやって作るかというと「今動くかどうか」ですからね。

4-3

ファンベースがないアスリートは「抽象化せよ」

――ファンベースが一定数あるチームのアスリートは、ソーシャルメディアを積極活用すべきだと分かりました。では、ファンベースがないアスリートはどうすればいいのでしょうか?

飯髙 抽象度を上げることですね。例えばフェンシングの選手で、個人にファンはそれほどついていないケースがあったとします。そこでは一足飛びに自分のファンを増やすことを考えず、まず「フェンシング自体のファンを増やす」に抽象化してみましょう。

――なるほど、そもそも競技全体のファン層がまだまだ少ないのだから、当該スポーツ自体を盛り上げる必要があると。

飯髙 そうです。実際、サッカーと比べたら数は少ないにしろフェンシングは全国の高校の部活にありますから、ファンベースが全くないわけではありません。マイナースポーツというのは、そういう姿勢で広めていくべきだと思います。

そういう点で、元陸上選手である為末大さんのソーシャルメディア活用はとても上手だと思いますね。走ることを本質的に突き詰め、世界陸上の2大会でメダルを獲得し、その上でキャリアを抽象化し次のステップを踏んだ。起業家としての側面を獲得したことで、スポーツファンだけでなくビジネスパーソンなど多くの人たちからのアテンションを獲得し

ました。

現役時代にキャリアの抽象化を行うことで、スポーツ選手としての影響力を保ったままスポンサー確保やチームの動員向上などに繋げられる可能性があるわけです。そうなれば、セカンドキャリアは開けてきますよね。

── **影響力もある上で、ソーシャルメディアを使ったマーケティングもできる人になるわけですからね。**

飯髙 そういう立場を目指すのは、すごくいいことだと思います。

あとは、クラブがもっと長い目でソーシャルメディア活用を見ていくことも大事です。特にサッカー選手に顕著ですが、選手はいずれ移籍します。となると、その選手に付いたファンは大小なり移籍した選手の動向も見ますし、ホーム・アウエーで対戦することもある。

そうすると、その選手は元いたクラブについて言及する機会もあるわけです。そこで良質な口コミが発露すれば、クラブにとって大きな PR 材料になります。

企業でも同じことが言えます。サイバーエージェントさんがすごいのは、退社した人の多くが「サイバーはいい会社だ」と口々に広めていることです。たくさん出ている口コミを聞きつけ、サイバーエージェントさんは新卒人気も非常に高い会社になっているわけです。「辞めた元社員に褒められる」ような組織文化を作ると、リターンはとても大きいことが分かると思います。

重要なのは、地域に根付くこと

――現状すでにある問題としては、こうした知見を得ることなく引退し、すでに別の職種についている元アスリートの存在が挙げられます。彼らは、どういう形でソーシャルメディアを活用していくべきなのでしょう?

飯髙 引退した選手が、第二の人生で飲食店を経営するということはよくありますよね。そこで、例えばベガルタ仙台で引退した選手なら「元ベガルタの＊＊が経営するお店です」と名乗ればいい話だと思います。

――当然、引退後もチームの名前を使わせてもらえる関係性を現役時代に作っておくことが大事ですね。

飯髙 そう。そこをうまく活用し、ベガルタ仙台ならベガルタ仙台のサポーターに応援してもらえる存在になること。

重要なのは、サッカーも野球もバスケも地域にひも付いていますよね。口コミが喚起されやすいのは、同じ地域のアスリート。そして、サポーターは地域のスポーツを支える存在です。「サポーターに愛される、地域に根ざした元アスリート」になることです。

地域性のあるスポーツをやっている場合、当然ながら地域密着していかねばなりません。といっても難しいことではなく、例えば地元のお店に行って「ここのお店は美味しいよ」とツイートするだけでも店の人にとっては大きな PR になるわけです。

――実際、地元の雑誌を読んで、地元チームのアスリートがおすすめしている店舗があれば、「とりあえず足を運んでみようか」という気になります。

飯髙　サッカークラブに関しては、こうした地域密着が大事です。サポーターは、口コミを発露する人。地域密着を推し進めれば、それに比例して口コミが増え、売上に繋がるはずなんです。

コンサドーレ札幌さんとかヴァンフォーレ甲府さんが、小さなスポンサーをたくさん集めていますが、あれはすごくいいと思います。

小口スポンサーになると数万円単位で、すごく小さい露出になりますが、お金を出した側には参加意識が生まれるわけです。一番顧客が眠っているところですし、最も n:n のコミュニケーションが生まれやすいところです。

逆に、地域性の少ないテニスや陸上などでは先ほど述べたように抽象度を上げるということですね。当該スポーツ、スポーツ全体、マインド、トレーニングなどの軸を取る方向性が考えられます。

やらなくてもいい選手はいる。
けれど。

――日本でよくあるのは、「Twitterなんかやってないでトレーニングしろ」といった「専念しろ」論です。こうした意見については、どう思われますか?

飯髙 世界的に名が知られているトップアスリートで、例えばアディダス社やナイキ社から年間数億円のスポンサー料をもらってる選手なら、あえてTwitterを頑張る必要はないかもしれません。

――そうですよね。現実には、そういう選手が一言何かいえばすごくバズります。それこそ、ヴィッセル神戸のアンドレス・イニエスタ選手は家族の写真を掲載するだけで2万いいね!を獲得したりします。

飯髙 そうなんです。統計で見ると、ほとんどの選手は23歳前後で引退します。イニエスタみたいな選手になれるのは、世界的に見ても極めて少数の、極めて限られた才能を持った選手だけ。Jリーガーは、高卒でプロになっても、早ければ3年くらいで解雇されることもあるわけです。

幼稚園の頃からサッカー一筋でやってきて、プロサッカー選手になるのを夢見て日夜練習に明け暮れて、勉強もあまりしないで、いざ夢を叶えたとしても3年で解雇になる厳しい世界。20歳ぐらいで「さあ、次のキャリアはどうするの?」となった選手に対して、「現役時代はトレー

ニングだけやっていろ」って言うことが正しいのですか？　という話だと思います。

会社員に置き換えると、分かりやすいですよね。会社員だって転職は当たり前にしますし、転職先がなくなれば失業しますし、独立も考えるでしょう。食い詰めないように、サラリーマンは当たり前にセカンドキャリアのことを考えているわけです。そう考えれば「なぜスポーツ選手だけ考えちゃいけないの？」ってことが分かると思います。

——セカンドキャリアを問題視される割には、現役中にセカンドキャリアを考える選手に対して一部サポーターから感情的な反発が起こったりしますよね。

飯髙　なので「Twitterなんかやるな」という意見に対しては、「リスクヘッジのために誰にとっても必要なことだから、やらせます」と返答すればいいと思います。

もちろん、トップアスリートじゃなくても第二の人生を気にしないで突っ込んでいく、後は野となれ山となれという選手もいるかもしれない。そうした考えは、否定するものではありません。人生なんて、なるようになりますから。

ただ、セカンドキャリアに対して準備する選手や、目標を見つけた選手に対してはいろいろな形でサポートできる手法はありますよ、ということですね。

あとは、何を使うか取捨選択すること。別にTwitterじゃなくても、Instagramをやって成功する選手もいるかもしれない。どの手法に飛ん

でいってもいいと思います。

——飯髙さんから見て、ソーシャルメディアをうまく使いこなしている選手は誰が挙げられますか?

飯髙 浦和レッズの槙野智章選手ですね。彼はサポーター心理の引き出し方がうまいと思います。元サッカー日本代表でワールドカップまで出場しているとはいえ、例えば 2019 年 8 月 11 日の投稿で

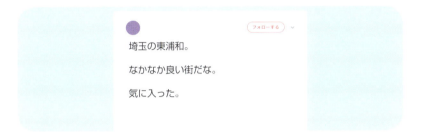

という投稿をしています。

——すごいですね、この投稿だけ周辺の投稿よりもいいね!数が一桁多いです。

飯髙 セルフブランディングをきっちりした上で、地域密着となるような発言もサラッとやる。インフルエンサーやタレントと写真に収まる一方、地元の美味しい店にも言及するし、熱いトークもやる。サポーターが喜びそうな発言をするな、というイメージです。

あとは、本田圭佑選手はちょっと別格ですね。外れ値で、他の選手のものさしには当てはまりません。

――別格ですね。エンジニアを募集したら、1日で200人の応募があったとか。私は少しエンジニア採用にも関わっているので、この数字がいかに異常なことかよく分かります。

本当は、「画像つき投稿(UGC)」が良いのだけど。

―― 選手がソーシャルメディアを活用すべき理由、うまく活用している選手の事例もいただき、だいぶ理解が進みました。

ところで、ホットリンクさんでは口コミのことを「UGC(User Generated Contents)」と表現しているそうですね。専門的な部分になるので、ここまであえて UGC という表記を用いませんでした。この表記は、具体的にどういうものを指すのでしょう?

飯髙 弊社ではリツイートを含めた口コミを「口コミ」と表現し、その中で画像つき投稿のことを「UGC」と表現しています。User Generated Contents という名前のとおり、ユーザーがわざわざ意図して作ったコンテンツだからです。

―― なるほど、画像つきとそうでないものを分けているのですね!

飯髙 弊社は、この二つを分けた上で両方が上がっているかどうかを計測しています。ただ、スポーツに関して言うとこれは権利的にセンシティブな話でもあります。

―― 仰るとおり、Jリーグなどスポーツ選手の肖像権は、特にメディア向けには厳しく管理されています。

第4章 SNSマーケティングのプロに聞く

飯髙 そうなんです。なので「口コミ」と表現してしまったほうが安全なんですね。「UGC を増やしましょう」と言ってしまうと画像つきツイートを増やせってことになるので、権利問題になってしまう。この本では、「口コミを増やしましょう」という表現に留めます。

本来は、選手の画像はツイートしてはいけないんですね。現状は、あくまで黙認されている状態です。ただ、例えば「ある選手が美味しいと言っているお店に行きました！」と画像つきでツイートするのは口コミですから、類例としてふさわしいものだと思います。

本当は、選手の画像がついたツイートに反応してリツイートできるのが理想なのですが、規約上それは難しい。ただ、その場合例えばチーム全体として UGC が発露するようなイベントをやってみるとか。サイン会を行って、その日の写真はすべてアップして OK にする、権利関係についてはネゴシエーションを行うとか。もちろん簡単なことではないのは分かっていますが、一意見として。

――試合中の選手画像はリーグが管理しますが、それ以外の画像については所属事務所や本人が管理しているケースもあるようです。

飯髙 そうなんですよね。なので、権利元に対して「ビジネス的にもメリットがありますから」とネゴシエーションをすることも大事です。もっとも、某 J リーグクラブに転職した元マーケターの方に話を聞くと、「そんなネゴシエーションをする時間はこれっぽっちもない」というのも現実のようですが……。

パーソナルメディアの未来
n:nのチカラ

――今後 5 年や 10 年というスパンで考えたとき、ソーシャルメディアが廃れる可能性はあると思いますか?

飯髙 そこは不可逆的だと思いますね。

ソーシャルメディアというのは、パーソナルメディアの集合体だということは説明しました。これまではマスメディアが、1：n の一方的な発信を行ってきました。そうやってチカラを握ってきたわけですが、その発信力を歴史上初めて個人が持つようになったわけです。

それを手放すかというと、手放さないと思います。そういう前提で未来は進んでいくと思います。もちろん、違う国ではソーシャルメディアが監視されたりということもあるかもしれませんが、そういう国には住めないですから。

むしろ、今後はパーソナルメディアのチカラがさらに増大し、メインストリームになるでしょう。為末大さんが、「大企業から資本を集めていくよりも、これからは個人がソーシャルメディアを使い、ベンチャー企業と繋がって何かをやる時代」ということをおっしゃっていました。そのとおりだと思うんです。

――実際、ここ 2 年ぐらいでソーシャルメディア人口はグッと増えて、

Twitterにせよ何にせよ日本人全体のフォロワー数が激増しました。アスリートのフォロワー数も蓄積し、いずれマスメディアのようなチカラを持つ可能性も大きいと思います。

ただ、チームスポーツの場合、パーソナルメディアを支援するクラブとしないクラブが分かれてくるでしょうね。当然、支援するクラブには資金も人も集まるようになると思います。

飯髙　支援しないとダメだと思いますね。人の口に戸は建てられませんし。今後、ワードやエクセルのスキルと同じぐらい、ソーシャルメディアのスキルは問われることになりそうですね。

──究極的には、「本人はそれほど投稿しないのに、SNS上に本人に関する投稿がたくさん出てくる」状態が理想ですね。飯髙さんもそうですし、本書のPMである甲斐雅之さんもそうなのですが。

飯髙　UGC（画像つき投稿）として出てくるということ？　それはそうですね。実際、そうなる人とならない人が分かれてくると思います。

──パーソナルメディアが不可逆的なものになる、という前提は理解できました。とはいえ、クラブやアスリートが積極的に活用できる段階はもう少し先なのかなと。今後、具体的にどういうステップを踏んでいくと活用できるようになると思われますか？

飯髙　そこは言いづらい部分もあるのですが、要は1:nの思考を捨てられるかどうかだと思うんですね。

これまでのマスコミュニケーションは、基本的に1:nが前提でした。当

然、広告についても基本的に 1:n のやり方にしかなりづらかった。でも、実際に今はパーソナルメディア同士で n:n のコミュニケーションが発生し、多くの売上に繋がっているわけですよね。

そこの発想が切り替わらないうちは、まだまだ「ソーシャルメディアマーケティング＝アカウント運用」みたいな 1:n の発想になってしまうでしょう。

そのシフトは、いずれ確実に起こると思います。n:n のパワーは、僕らが立証して行っているから。発表されていないケースも含め、とてつもない数で立証できているんです。

―― 肌感覚としても、n:n のコミュニケーションのパワーを実感することは多いです。

引退した選手が「もう関わりたくない」と思ってしまう理由

―― 本章も最後になります。ここではソーシャルメディア中心の話題から少し離れ、飯髙さんのバックグラウンドからの意見を伺ってまとめにしたいと思います。

飯髙さんは高校卒業後、Jリーグに昇格する前の町田ゼルビアに所属したそうですね。

飯髙 そうです。当時、チームは東京都リーグ1部に所属していました。結局、ケガや僕自身の将来の考えもあって1年経たずに退団しました。実力不足でしたね。その前の高校時代の恩師からも「このままプロに行っても活躍することは無理だ」と言われました。

中学・高校時代は東京都選抜に選ばれてましたが、プロの壁は厚かったです。

そういうバックグラウンドを持つ元選手の立場から言うと、スポーツとアスリートにとっての理想の関係性は「競技生活を引退した選手が、その後も当該スポーツを好きで居続けること」に尽きるんじゃないかと思うんです。

―― 確かに、プレイヤーとして現役生活を送った人ほど、「もうサッカーはやらない」となっている選手はすごく多いですね。

飯髙　人生を賭けるほど好きだったスポーツなのに、引退する前後にすごく苦しい思いをして。「もう関わりたくない」と思ってしまうんです。

僕は現在33歳なのですが、この年齢ぐらいになると、20歳で引退した人がちょっとずつ球を蹴り始めていたりします。

ただ、見方を変えてみると、今はソーシャルメディアが発達していますから、そういう元選手が別の形でスポーツに関わる余地は大きくなったと思います。

それまでの時代だと、競技が上手いか下手かの尺度でしか語られてこなかったわけですよね。それが、今や発信するチャンネルは豊富に用意されていて、どうミックスして使っていくかという時代になっているわけです。

例えば22歳で競技引退したとしても、自分が運営するサッカークラブがあって、そこに100人の有料会員があったらそのまま生活していけますよね。そういうことを現役中に考えるのが、とても大事だと思います。

——引退した選手が当該スポーツを好きじゃなくなる理由は様々だと思いますが、飯髙さんはどういう部分が主な理由だと思いますか？

飯髙　変な言い方かもしれませんが、小さな頃から好きだったスポーツに「裏切られた」感があるからだと思いますね。

小さい頃は、スポーツをやっていると楽しいわけですよね。それが年齢が上がるにつれてだんだん苦しくなって、やっとプロになれても成績や年俸で評価され、やがて解雇されてしまう。

例えるなら、小さな頃から好きで好きで仕方がなかった人とやっと結婚できたのに、すぐに離婚されてしまったときの心境に近いと思います。好きな異性もそうですが、離婚してすぐ別のスポーツを好きになれと言われても難しいですよね。

——**それが「裏切られた感」に繋がるわけですね。**

飯髙　加えて、引退した後に途端に選択肢が無くなるんですよね。それまでスポーツ選手としてトップだったのに、引退したら社会人経験のない20何歳のお兄ちゃんになる。

例えば23歳で引退して何をやればいいか、となったらまず飲食店をやったりするわけです。飲食店をやること自体がいけないわけでは、もちろんありません。ただ、戦略や現役時代からの準備がないことが問題なんです。

他のケースとしては、引退した選手に仕事がないことを見かねて、地元の友人が「ちょっと店オープンするからここに入れよ」って感じで、雇われ店長をやったりするケースですね。

そういうケースで、お客さんが来るのは最初だけ。そのうち苦しくなったときに、当然経営も何も分からないわけですから、「サッカーばかりやっているんじゃなかった」となってしまうわけです。

4-9
「競技を見なくなった元選手」という巨大市場

飯髙 もう一つ多いケースは、プロに上がれなかった元選手が「悔しくて競技を見られない」ことですね。

僕自身、競技引退してから2年間はボールを蹴りませんでした。僕のレベルでも2年。ただ、僕の場合はある意味いい形で辞められたので嫌いにはなっていません。もしプロになってから辞めたなら、きっと嫌いになっていたでしょうね。

よく聞くのは、プロの選手を見て「中学の頃は、オレのほうがうまかったのに！」と思ってしまうこと。そのトラウマが、せっかくサッカー好きを育てたのに、最終的にスポーツ観戦から遠ざけてしまう。

一つの解決策としては、現役プロ選手が指導する「大人のサッカー教室」をやることかもしれません。二軍の選手と紅白戦をやって、「こいつらやっぱりうまいわ」と思わせるようなイベントをやれば、憑き物が落ちるというか。

やっぱり、どこかで「オレのほうがうまいのに」「こいつよりできるはずなのに」となってると諦めがつかないと思うんです。実際にプロとやってみれば、諦めもついてスッキリ競技を見られるんじゃないかな。

―― 今のお話は、ソーシャルメディアを離れた部分で大事ですね。サッ

カー観戦に行く人の中に、競技人口の割合が比較的少ない。プレーをしていた元選手は膨大な数いるのに、必ずしもJリーグへの集客に繋がっていない。

飯髙 ぶっちゃけ、僕も全然見に行かないですから。誘ってくれる友人も、サッカー未経験者のほうが多いですね。

夏に、久々に横浜FCの試合を見に行ったのですが、そのときに誘ってくれた友人もやはりサッカー未経験者でした。自分が高校時代やユースの頃にやっていた選手がプロのピッチに立っているのを見ると、やはり悔しいんですよね。例えばFCバルセロナなら、全然別物として見に行けるんですけど。

――あれほどすごい選手たちなら、嫉妬の対象にならないと。

飯髙 そう。だから、その元選手へのケアってとても大事だと思うんです。100年構想のなかに、そういう部分は入っていない気がしますね。

2019年に日本を盛り上げたラグビーでも同じことがありますよね。花園の予選で負けてしまうと推薦入学できる大学のランクが変わって、地元の大学にしかいけなくなってしまう。聞いた話ですが、大昔の大学ラグビーは、早慶戦・早明戦などが含まれる対抗戦に行けなかったら注目度が低かった。観客の少ない試合しか経験できなかったりするんですよね。

同志社や関西の大学には門戸が開かれていましたが、地方都市の大学には開かれていなかった。結果、「頑張っても全国に門戸が開かれていない大学で、なんで競技を続けなきゃいけないの」というふうにモ

チベーションが切れてしまう。努力しても、構造的に上を目指せないなら頑張る理由がないんですよね。

各スポーツの協会はそういう部分もケアする必要があると思います。高校まで頑張って打ち込んできたのに、モチベーションが切れてしまう要因がある。

逆に、ここをうまくファン化できたら膨大な市場が眠っていると思います。

今のファミリー層では、お子さんがサッカーをやっていたり、お父さん自身が地域でサッカーを教えることで興味を持って応援に来るケースが多いですね。「子どもが興味を持って、気がついたら」というパターンです。

残念ながら僕自身はまだそういう風にはなれるかは分からない。

もしかしたら、そういう僕の気持ちを「やっぱりサッカーを見るのは楽しいな」っていう方向に変えられたら無敵の客になりますよね。そういうことを考えると、入り口ってたくさんあると思うんです。クラブ側はステークホルダーごとに切り分けてコンテンツを出していくと、まだまだ人の入りは全然変わると思いますよ。

——**間違いないですよね。「元選手」という区分けには、巨大な市場が眠っていると思います。**

飯髙 Jリーグ100年構想では、実はそういうコアになる層をすくい切れていないと思います。アマチュアからJ3まで行く選手はいますが、そこからJ1まで上がれるのは本当にごく限られた選手だけで。

──2019年10月時点では、ヴィッセル神戸の藤本憲明選手と、川崎フロンターレの馬渡和彰選手の2名ぐらいですね。

飯髙 ほとんど可能性がない、と言っていいわけです。そして、上に行けない現実が見えた時、セカンドキャリアはとても重要で。アスリート、スポーツ界全体を考えたときに、頑張ってきた人がきちんと報われる環境を作れるかはとても大事だと思います。何とかしたいですね。

<了>

炎上しないソーシャルメディア発信術

第5章

5-1

なぜアスリートの投稿は炎上するのか？

「ソーシャルメディア」「SNS」＝「炎上」というイメージを持たれている方も多いかと思います。とくに、SNSを使い慣れていない人ほど「SNS＝炎上する、怖い」と考えている人が多いのではないでしょうか。

しかし、実際のところ、よほどのことがない限り一般人（非著名人）のアカウントが炎上することはありません。一般人のアカウントが炎上するのは、明らかな犯罪行為やモラルに反する行為があったときくらいです。「ネットだから」「匿名だから」という意識を持たず、現実社会と同じ行動をとっていればそこまで案ずることはありません。

しかしながら、これはあくまでも「一般人」の場合。アスリートやその卵たちは事情が異なります。というのも、多くのアスリートは、チームや企業の看板を背負う立場だからです。競技関係者、ファンの間で名の知れた個人も多く、「公人」に近い立場になります。まだ判断力に乏しい未成年者であっても、それは同じです。ゆえに、明確に法律やモラルに反していなくても、ほんのちょっとしたことで発言が炎上してしまう場合があります。

2019年10月、日本でラグビーワールドカップが開催された際には、こんな出来事がありました。サッカーの元イングランド代表で日本でもプレー経験がある著名な元選手が、ラグビーのニュージーランド代表が披露した「ハカ（試合前に披露する伝統的な踊り）」を見て、自身

のTwitterアカウントに「もし対戦相手なら、笑いを堪えるのが大変に違いない」という投稿をしたのです。当然、世界中のラグビーファンから大バッシングを受ける騒ぎとなりました。

　一般人の発言であれば、ここまでバッシングされることはなかったでしょう。しかし、運の悪いことに彼は世界的に著名な元サッカー選手。騒ぎはインターネットにとどまらず、国境を超えてテレビや新聞でも報道されてしまいました。

　同じ発言であったとしても、公人に近い人や誰もが知る著名人は些細なことで炎上してしまう可能性があります。加えて、スポーツの多くは他人や他のチームと競い合うものなので、ライバル関係にある選手やチームのファンが「アンチ」になる場合もあります。アスリートのSNSは、一般人と比べると非常に可燃性が高いのです。

　とはいえ、炎上が怖いからといって周囲が発信を禁止するのは、アスリート自身の市場価値を高める道が一つ閉ざされることになります。物心ついた頃からSNSに慣れ親しんでいる現代の若者に、「SNSを一切やるな」というのも難しい注文でしょう。

　アスリートやその卵たちがSNSを使う際には、炎上しないための心構えが必要です。本章では、私（江藤）自身の炎上の経験も踏まえ、どのような場合に炎上するのかをケーススタディで学んでいきたいと思います。

5-2

「炎上しやすいSNS」と「炎上しにくいSNS」を知る

　SNSでの発信を始めるうえで知っておきたいのは、「炎上しやすいSNS」と「炎上しにくいSNS」があるということです。そのためには、まず各SNSの特徴を捉えることが重要になります。主要なSNSの特徴は右図のとおりです。

　他にも「LinkedIn」や「Pinterest」「TikTok」などのSNSがありますが、アスリートの情報発信に使えるSNSに限定すると右記の5つになります。

　この中で、最も炎上しやすいのはTwitterです。Twitterには「リツイート」という機能があり、他の人の投稿をワンクリックで自分のフォロワーに見せることができます。また、匿名ユーザーが多く、リアルな人間関係のつながりも薄いため、実生活では言えないような過激な発言がされやすいという特性や、文字数制限が140字のため、誤解を受けやすいという特性もあります。

　逆に、最も炎上しにくいのはLINE@です。LINE@は拡散する機能がなく、コミュニケーションもほぼ一方通行に等しいので、情報がコミュニティの外に拡散されることがありません。ただし、外部への拡散力が弱いということは、新たな認知の獲得にはつながらないというデメリットもあります。

　このように、「炎上しやすさ」はリスクでもある反面、情報がスピーディ

に広く拡散されやすいというプラスの面も持ち合わせています。そういった意味で、TwitterはハイリスクなSNSであり、LINE@はローリスク・ローリターンなSNSであると言えます。

そんな中で、最もリスク・リターンのバランスが取れているSNSといえばInstagramでしょう。InstagramはTwitterほどの情報拡散力こそありませんが、ハッシュタグや検索画面からの新規流入があり、適度にオープンなSNSです。また、画像や動画などのビジュアルメインのため、SNSに不慣れな人にとっても比較的間違いの起こりにくいSNSだと言えます。

もし、これから何か一つだけSNSを始めるというのであれば、Instagramから始めるのが良いのではないでしょうか。

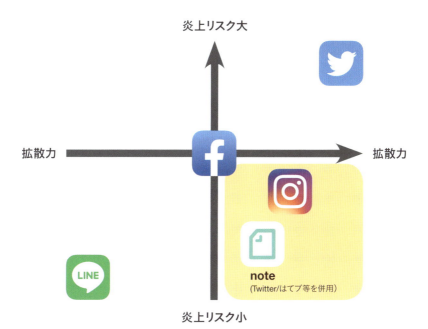

第5章　炎上しないソーシャルメディア発信術　153

Twitter
- コンテンツは140文字以内、テキスト中心
- 匿名アカウントが多い
- 興味関心を軸にしたネットワーク(話題によってアカウントを使い分ける)
- 情報拡散のスピードが速い
- 中心世代は10～20代

LINE@
- コンテンツは文字、画像、スタンプなど
- 実名と匿名が混在。原則1人1アカウント
- リアルな人間関係を軸にしたネットワーク
- 情報拡散はしないが、スクショが外部に出回ることはある
- 10代～60代まで幅広い年齢層が利用

Instagram
- コンテンツは画像、動画中心
- 匿名より実名が多い
- 興味関心軸のつながりとリアルな人間関係の両方が混在
- 拡散はせずフォロワーとのコミュニケーション中心
- 中心世代は20～30代

note
- コンテンツは文字数制限のない長文テキスト中心(漫画等もある)
- 実名と匿名(ハンドルネーム)が混在
- コンテンツ供給者とそのファンというネットワーク
- 情報拡散はしづらいがTwitterとの連動で拡散する
- 中心世代は20～30代

Facebook
- コンテンツは文字＋画像中心
- 原則として実名アカウントのみ
- リアルな人間関係を軸にしたネットワーク
- 情報拡散もするが友達内でとどまることが多い
- 中心世代は40～50代

5-3
「セーフな炎上」と「アウトな炎上」を知る

　ネット炎上というとネガティブなイメージを持つ方がほとんどだと思いますが、実は「バズ（拡散）」と「炎上」は紙一重な部分もあり、必ずしも自分の投稿が議論のネタになることが「悪だ」とも決めつけられません。

　たとえば、以前10歳で学校に通っていないYouTuberの少年について、とある著名な日本人野球選手が「自分の好きなように生きればいいよね。責任も取れないのに他人の人生に口挟まなくていいと思うわ。」とツイートして、多くの人から賛否両論のコメントが寄せられました。

　このツイートはまたたくまにリツイートされ、多くの人から賛否両論のコメントが寄せられました。

　また、別の著名なサッカー選手は、「他人のせいにするな！政治のせいにするな！生きてることに感謝し、両親に感謝しないといけない。今やってることが嫌ならやめればいいから。成功に囚われるな！成長に囚われろ！」とツイートし物議を醸しました。

　このツイートだけ見たらそこまで批判されることもないのではないかと感じますが、リンク先のYahoo!ニュースが「若い世代の死因、自殺最多＝15〜39歳『深刻』―政府白書」という内容だったため「自殺するほど追い詰められている人に対してあまりにも酷ではないか」「み

んなが〇〇さんのように強くはない」といった批判が一部から寄せられました。

　また、元陸上選手の為末大さんは、こんなツイートで炎上しています。

https://twitter.com/daijapan/status/392419979707969536

　このツイートを「正論」とする人も多数いる中、「日本のトップアスリートがそれを言ってしまったら身も蓋もない」「努力している人たちに失礼だ」と憤慨する人がいて、論争が巻き起こりました。

　結論から言うと、このような炎上は「セーフな炎上」です。少なくとも冒頭の野球選手の発言は「自由に生きればいい」と言っているだけで「このように生きるべきだ」と言っているわけではありませんし、サッカー選手や為末大さんの発言も賛否両論あるだけで「明確にアウト」ではありません。

　では、アスリートにとってどのような炎上が「アウトな炎上」になってしまうのでしょうか。大きく分けると、次のように分類されます。

- 法律やモラルに反する行為を公言すること
  例）（過去の行為も含め）スピード違反や万引きなどの犯罪自慢
  　　法に触れる行為を画像や動画でアップ

- 非常識と思われる言動をすること
  例）お店の店員さんに横柄な態度をとる、過度なクレームをつける

- 弱者や困っている人に対する配慮に欠けた発言をすること
  例）赤ちゃんの鳴き声がうるさい、ベビーカーが邪魔、など

- 震災直後の不謹慎な言動
  例）家族が無事でよかった、自分は行かなくてよかった、など

- 差別意識や偏見を露呈する発言をすること
  例）LGBTの人は○○だ、韓国人は○○だ、女は○○だ、など

- 事実でないことを拡散してしまうこと
  例）フェイクニュースやデマ、真偽不明のゴシップなどを拡散
  　　医学的根拠のない治療法を推奨

- 機密情報を漏洩してしまうこと
  例）試合のメンバーが分かる情報（画像など）を掲載してしまう

- 他人のプライバシーを暴露してしまうこと
  例）チームメイトの交際相手などを本人の許可なく掲載してしまう

- 固有名詞を出して商品やサービスを貶すこと
  例）あのラーメン屋はまずかった、店主の態度が横柄、など

- **スポンサーなどの利害関係者の利益を損ねる発言をすること**
  例）スポンサーの商品やサービスをけなす、ライバル会社の商品を推奨する

　ネット炎上のややこしいところは、誰もが「実生活でこれをやったらアウト」だと認識していることだけでなく「実生活はセーフでもネットでやったらアウト」なことな場合があることです。

　たとえば、仲間内の軽口で「あの子がかわいい」「あの子はいまいち」といった話をすることは、さほど珍しいことではないと思います。しかし、ネットでこれを公言してしまうと瞬く間にバッシングの対象になります。実際、とある有名力士が巡業先で「バスガイドがここ最近、超ブサイクで悲しくてしかたありません」と投稿し、炎上した事例がありました。

　このように、法やモラルに触れないまでも、「年収」「学歴」「容姿」「出身地」といった、他人のコンプレックスを刺激するような発言は不特定多数の人の前では避けたほうが無難です。一般人であればスルーされる言動も、本人が有名であったり所属組織の看板が大きかったりすると問題になりうるからです。

　SNSの炎上は、発言の内容自体だけでなく「誰が言うか」が非常に重視されます。アスリートは有名無名に関わらず「公人」であるという意識を持ち、ネットであっても実社会と同じ振る舞いをするように気をつけましょう。

5-4
炎上しやすい「タイミング」を知る

　アスリートのSNS運用は、ただの著名人アカウントとは決定的に異なる違いがあります。それは、投稿の内容自体には問題がなくても、チームの戦績や自分自身のパフォーマンスの良し悪しにより炎上してしまう場合があることです。

　一つの事例として、杉本健勇選手の事例が挙げられます。2019年9月3日、杉本選手が月額2,980円の個人ファンクラブを開設した旨をTwitterで告知したことがきっかけで、ファン、サポーターを中心に「そんなことをやっている場合か」という非難が集中しました。ファンクラブを開設したこと自体はなんら責められるようなことではないのですが、タイミングの悪いことにこの当時彼が所属するチームの戦績が低迷していました。加えて、他クラブより鳴り物入りで移籍してきた杉本選手自身も、ファン、サポーターの期待に十分答えられているとは言い難い状況でした。

　ファンの心理としては「本業が振るわないのだからもっと本業に集中してほしい」「チームが大変なときに何をやっているのか」ということかと思われます。ただ、杉本選手の行い自体はなんら間違ったことではありませんし、タイミングさえ良ければすんなり受け入れられた可能性はあります。

　このようにアスリートのSNSでは、言動自体には問題はなくても、タイミングが悪いというだけで炎上してしまうケースがあります。タイミングが問題になるのは、他にも次のような場合があります。

・試合に負けた後や自分が活躍できなかった試合の直後

　発信の内容にもよります。負けたことを悔しがる内容、次こそはとリベンジを誓う内容であれば良いのですが、明るく振舞ったり、遊びに出かけたりしていることが分かるような投稿は非難の対象になる場合があります。

・大規模な災害の直後

　災害は身近で起こっていないと深刻度がなかなか伝わってこないので、ついうっかりいつもの調子でふざけた発言をしてしまう場合があります。人命に関わる被害が出ているような災害が起こったら、いったんSNSでの発信はストップしたほうが良いでしょう（少し落ち着いてから被災地へのお見舞いや支援について発信できればベストです）。

　また、Twitterは「予約投稿（日時を決めて自動投稿）」ができますが、この機能を利用している場合も震災後は注意が必要です。

　タイミングの問題で案外うっかりしてしまうのが「いいね」です。投稿は自粛していても、不謹慎なギャグなどに「いいね」をしてしまうと、Twitterの場合「〇〇さんがいいねしました」という注釈とともに投稿がフォロワーのタイムラインに流れてしまいます。気をつけましょう。

5-5
アカウント運用の
ガイドラインを決める

　TwitterやInstagramなどのSNSの大きな特色に「双方向性」があります。従来のWebサイトやマスメディアが一方的に発信者の伝えたいことを伝えるメディアであったのに対し、SNSは「リプライ（返信）」や「コメント」という形で、情報の受け手が意見を直接伝えることができます。

　このようなSNSの特色は、ファンにとってはたまらないものです。憧れの人からリプライがきたら天にも昇る気持ちになるでしょう。アスリートの側からしても、ファンが喜んでくれるならとリプライをしたくなるかもしれません。

　しかし、この「双方向性」こそが「炎上のもと」であるとも言えます。

　アスリートや著名人の炎上でよくあるのが、匿名アカウントからのリプライに対し、感情的になって反論してしまう場合です。アスリートも人間なので、的外れなことを言われたら訂正したくなりますし、頭ごなしに批判されたら言い返したくもなるでしょう。

　もちろん、相手が誰であれ言い返すというやり方も絶対NGではありません。野球のダルビッシュ有選手やサッカーの本田圭佑選手、長友佑都選手などは、知らない人からのリプライに対しても、立場を意識することなくフラットに返答（反論）しています。

ただ、このやり方を、多くのフォロワーがいる有名アスリートがやると、攻撃力が強すぎて、正論を言っているにも関わらず「弱いものいじめ」をしているように受け止める人もいます。アスリートはイメージが良くて損をすることはないので、多くの人に対して良いイメージを保ちたければ避けたほうが無難でしょう。もし、どうしても間違っていることを訂正したい、反論をしたいという場合は、最低限言葉遣いだけは丁寧にするよう心がけましょう。

　いずれにせよ「感情的になって投稿する」とロクなことがありません。投稿した後で「しまった」と思っても、いったん投稿されたものは削除しても完全にネット上から消えるわけではないのです（たいてい誰かがスクリーンショットを撮っています）。

　このような致命的なミスを避けるには、あらかじめSNS運用のガイドラインを決めておくことをお勧めします。とくに「炎上回避」の観点から検討すべき事項には、次のような項目があります。

- どういった人をフォローするか、しないか

- リプライに対して返答するか否か

- 返答するのは知らない人も含むのか知っている人のみか

- 他人の投稿に「いいね」をするか否か

- 「いいね」をするとしたら知らない人も含むのか知っている人のみか

・エゴサーチ（自分の名前やニックネームを検索）するかどうか？

・試合に負けたときは投稿するか否か

・投稿を自粛する場合、何時間（何日）くらいストップするか

・試合に負けたときに投稿する内容

・私生活（家族や友人など）はどこまで出すか

・ライブ配信をするか否か

　アスリートや著名人など「公人」扱いされる人が安全にSNSを楽しむには、どうしても一般の人とは異なる運用スタイルにならざるを得ません。それだけ他人の関心を集め、注目されているからです。SNSの大きな魅力が失われるのはもったいない気もしますが、ある程度の双方向性を犠牲にするのは止むを得ないことなのかもしれません。

5-6
批判を上手にかわす方法を知る

　前の項目で「感情的になってもロクなことがない」と書きましたが、アスリートも人間なので、批判をされたり的外れなことを進言されたりすると、つい感情的になってしまうこともあるかと思います。私自身も、何度か理不尽なことを言われてついカッとなり、見知らぬ人に反論してしまったことがあります。

　そこでお勧めしたいのが、最初からそのような投稿を見ないようにすることです。これは、Twitter であれば設定を変えることで可能になります。どうしても目に入ってしまうと反論したくなるものなので、そこはフィルタリングを上手に使って、最初から目に入らないようにしてしまいましょう。

方法１：クオリティフィルターをオンにする

　Twitter には、関連性の低いコンテンツを通知から除外する「クオリティフィルター」という機能があります。どのような基準でフィルタリングされているかは公表されていませんが、このフィルタをオンにしておくと無差別に他人を攻撃しているようなアカウントからのリプライは通知に届かなくなる場合が多いようです。

方法 2: 通知が届く対象を制限する

　Twitter の場合、リプライが来ても通知が届かない設定にしておけば、自分で探さない限りそのリプライが見えることはほぼありません。この通知は「詳細フィルター」で通知届く範囲を自分で設定することができます。詳細フィルターには次のような選択肢があります。

☐ フォローしていないアカウント
☐ フォローされていないアカウント
☐ 新しいアカウント
☐ プロフィール画像が設定されていないアカウント
☐ メールアドレスが未認証のアカウント
☐ 電話番号が未認証のアカウント

　ネットの誹謗中傷でよくあるのが、そのためにわざわざアカウント（捨てアカと呼びます）を作ってリプライを飛ばしてくるケースです。そのようなアカウントを排除するには「新しいアカウント」と「プロフィール画像が設定されていないアカウント」にチェックを入れておくと有効です。

　また、原則として知らない人とはやりとりをしないと決めているような場合は、通知が飛ぶ対象から「フォローしていないアカウント」を除外すると、自分がフォローしているからリプライがあったときのみ通知が飛ぶようになります。

ちなみに私（江藤）は、不快なリプライを排除しつつも、ある程度は知らない人ともコミュニケーションをとりたいと考えているため「フォローされていないアカウント」からの通知をストップしています。フォロワーのすべてが自分に好意的だとも限りませんが、このような設定に変更してからは、いわゆる「クソリプ」と呼ばれる的外れなリプライが極端に減ったように感じています。

方法3：不快なリプライをする人を「ミュート」する

　Twitterを見ていると、他人に対し不快なリプライを送ることを生きがいにしているような人たちが、わずかながら見受けられます。また、当人に悪気はないものの、受取手が不快になるような物言いをしてしまう人もいます。こういった人に捕まってしまったら「ミュート」を活用されることをお勧めします。

　ちなみに、Twitterでは相手の投稿を見えなくする方法として「ミュート」と「ブロック」の2種類が用意されています。それぞれの違いは次のとおりです。

【ミュート】
　指定したユーザーの投稿を見えなくする。ただし、完全に見えなくなっているわけではなく、見えない投稿をタップすると表示することができます。また、相手には自分がミュートしていることは分かりません。

【ブロック】
　指定したユーザーの投稿を見えなくするだけでなく、自分の投稿を相手に見せないようにもできます。投稿自体が見えないので不快なリプライやDMを受け取ることはなくなりますが、相手が自分のアカウント

を見ると「このユーザーからブロックされています。」と表示されるため、ブロックしていることが相手に伝わります。

　原則として公人に近い立場の人には「ブロック」はおすすめできません。ブロックは相手に対する拒絶の姿勢を表明することになるので、相当強い意思表示になります。他人に拒絶されて快い感情を抱く人はいません。場合によっては、ブロックされたことにより嫌がらせがエスカレートすることもあります。

　もちろん、ストーカーのように誰が見てもあまりにも度が過ぎる場合はブロックも止むなしではありますが、極力「ミュート」で反応をしないようにするのがベターです。

【ミュート】

【ブロック】

第5章　炎上しないソーシャルメディア発信術

方法4：エゴサーチをしない

　自分の名前やニックネームなどを検索し、ファンの率直な感想をリサーチすることを「エゴサーチ」と言います。エゴサーチをすると、自分に対する思わぬ悪口や批判を目にしてしまうため、精神的に落ち込んでしまう人が少なくありません。このため、芸能事務所などでは、所属タレントにエゴサーチをしないよう指導しているところもあります。

　ちなみに、私（江藤）が所属する栃木SCでは、以前に行ったSNS講習の際に「エゴサーチはしない、匿名掲示版は見ない」という指導を選手にしています。というのも、アスリートの場合は戦績や自身のパフォーマンスをネタに非難されることが多く、それが競技のパフォーマンスに影響を与えてしまう場合があるからです。

　大衆イメージが何よりも重要な芸能人とは異なり、アスリートはあくまで「競技」で結果を残すことが最大のミッションです。ですので、競技に少しでも影響が出そうなことを避けることも、必要な自己管理になります。

炎上を延焼させない方法を知る

　どれだけ気をつけていても、SNSを長く実名でやっている人の大半は、ちょっとしたボヤ騒ぎも含めると必ずと言っていいほど炎上を経験します。これは、ここまで述べてきたように、必ずしも言動には問題がなくても、ちょっとした不注意やタイミングの悪さで炎上してしまう場合があるからです。

　ただ、炎上したとしても、その炎上が当人にとって致命的なものになる場合とそうでない場合があります。この差を決定づけるのは、炎上した後の行動にあります。

　ここでは事例をもとに、実際に炎上してしまったらどのように対処すれば良いのかを見ていきましょう。

ケース：事後対応で信じがたい言い訳をしてしまう

　2013年10月10日、あるプロ野球選手のものと思われるTwitterアカウントから、このような発言が投稿されました。

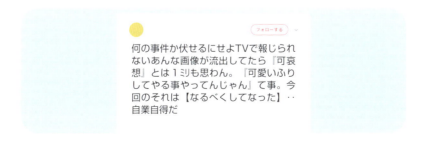

第5章　炎上しないソーシャルメディア発信術　　169

ちょうど時期を同じくして女子高生がストーカー被害の末に殺害されるという痛ましい事件があり、事件のことを指していることが容易に推測されました。プロ野球選手の投稿ということもあり、匿名掲示板には多数のスレッドが立ち、多くの批判が寄せられました。

　炎上に気づいた当該選手は、10日の夜に投稿を削除し、謝罪の言葉をツイートしました。しかし、すでに Twitter の外にまで飛び火してしまっていたため、炎上はおさまらず、球団社長が公式サイトでお詫びを行うという事態にまで発展しました。

　ここまででも、かなり大規模な炎上ではありましたが、このときに選手が公式サイトで「Twitter については、全てを管理人に任せたまま何らの確認もせず、内容についても把握しておりませんでした。」と管理人に責任を転嫁するようなコメントをしたことにより、さらに大きく炎上しました。

【分析と対策】
　不幸にも SNS で炎上してしまった場合、対応の仕方次第で炎は小さくも大きくもなります。このケースの場合、いくつかの「炎を大きくしてしまう対応」がありました。

① 問題となった投稿を削除するまでに時間がかかりすぎた

　本件では、10日の朝に投稿した内容を削除するまでに12時間以上かかっており、騒動が Twitter にとどまらず匿名掲示板に飛び火してしまいました。こうなると、もはや Twitter の投稿を消したとしても意味がありません。炎上に気づくのが遅かったのであれば仕方がありませんが、投稿直後に気づいたのであれば、**すみやかに謝罪して、きちんと**

==理由を述べてから問題となった投稿を削除し、所属する組織の責任者に相談しましょう（ちなみに、炎上が大きくなってからは、へたに削除すると「ごまかし」「隠蔽」と取られることもあるので、いったん所属組織に相談してから判断しましょう）==。

② 謝罪時に他人に責任を転嫁するような発言をしてしまった

　SNSでの炎上に限った話ではありませんが、謝罪を行うときは潔く全面的に非を認めましょう。よくSNSで不適切な投稿を行ってしまった場合に、著名人が「他人に管理を任せていた」「アカウントを乗っ取られた」というような、にわかには信じがたいような言い訳をすることがありますが、仮に本当であったとしても他人に責任を転嫁しているような潔くない印象を与えてしまいます。

　また、これは私自身の経験でもあるのですが「言葉足らずだった」「誤解を与えるような表現をしてしまった」というのも、本当に謝罪する気持ちがあっても「この人は謝らないといけないから仕方なく謝っているけど、本当は悪いと思っていないのでは？」と思われてしまうため、おすすめしません。謝罪をするときは余計なことを言わず「先ほどは大変不謹慎な発言をしてしまいました。発言は削除いたしました。大変申し訳ございませんでした」くらい簡潔なほうが良いでしょう。

炎上した場合の対処方法

炎上直後・まだ燃え広がる前ならば、

謝罪
↓
理由を述べて投稿を削除
↓
所属組織の責任者に報告
↓
指示に従う

炎上が燃え広がった後ならば、

投稿を止める
↓
所属組織の責任者に相談
↓
指示に従う

第6章 Twitter Japan スポーツ担当者に聞く「アスリートのソーシャルメディア運用とは?」

6-1
Twitter Japanについて

第1章から第5章でアスリートがソーシャルメディアを活用する方法や意義、運用についてみてきました。第6章ではソーシャルメディアプラットフォーマーのスポーツ担当である北野さんにプラットフォーマー側から見たアスリートのソーシャルメディア運用について伺います。

——**まずは Twitter Japan の沿革をお伺いできますでしょうか。**

北野 US のサービスインは 2006 年となっており、日本語化されたのは 2008 年で、オフィス設立は 2011 年の 3 月です。渋谷のセルリアンタワーで小さなオフィスを構えていました。

——いまのオフィスからは想像できませんね（笑）。日本市場での注目の高さが伺えるのかもしれませんね。実際の注目度はどうでしょうか？

北野　日本ユーザーにおけるMAU（マンスリーアクティブユーザー数）は4,500万人となっています。ただ、グローバルではMAUの数値集計を終了してます。これは、月に一度のアプリ起動よりも、日々の生活にどれだけ浸透しているかを重要視している結果です。

——指標が変化してきているんですね。最近は何が重要視されるようになってきましたか？

北野　いまは、mDAU（MonetizableDAU）を重要視しています。これは、収益につながるアクティブなユーザーの数を示すものです。MAUよりも大事な指標としてTwitterでは注目しています。災害の多い日本では、政府や地方自治体との提携で情報提供など即時性の強いものを発信することが多くなってきました。また、記憶に新しいラグビーワールドカップなどスポーツの大きなイベントがあった際にはトレンドが関連事項で埋まります。いずれもリアルタイムで進行していることで、情報を収集するインフラとしての側面が強くなってきていると感じています。

——**スタメン発表など、スポーツにも当てはまるように感じます。**

北野　これはプロ、アマ問わず、スポーツにももちろん当てはまります。当日のスタメン情報や他会場の結果速報をハッシュタグ検索で情報収集されるようになってきています。これも一つのTwitterの用途として挙げられます。

——**確かに、いまでは試合前後のTwitter確認は欠かせません。イン**

第6章　Twitter Japan スポーツ担当者に聞く　　175

フラの一つになってきていることで変化はございますか?

北野　最近では動画に関連する用途も増えてきています。各種スポーツの配信サービスがスマートフォンに対応してきていることが大きな要因だと思います。過去のメディアはそれぞれの媒体でのみ情報を開示してきましたが、最近は個人がスマートフォンを触る時間が増えてきていることやソーシャルメディアが一つの流入経路となってきていることから、いろいろなメディアがTwitterに動画をツイートするようになってきました。

——**写真はもちろん、動画を目にすることが増えましたね。**

北野　いまは多くの人がスマートフォンで時間を使うようになってきていて、その中でもソーシャルメディアに滞在する時間が多くなってきています。そのことからも、ソーシャルメディアを対象視聴者として考えて動画をツイートすることが増えてきたのだと見ています。また、ソーシャルメディアとして見たときに、日本ではTwitterユーザーのシェア率が高いので、動画をアップする先として選択されているのだと考えています。

——**アスリートやスポーツクラブも意識しなければいけませんね。**

北野　アスリートやスポーツクラブも、マスメディアも重要なことには変わりありませんがソーシャルメディアで見られる時間が増えてきていることを認識しています。そのことからも、今後もアスリートやスポーツクラブの情報発信を支援して、ブランディングを手助けできればと考えています。

6-2
スポーツとソーシャルメディアのつながり

――スマートフォンの普及、ソーシャルメディアの滞在時間の増加を経て、スポーツとソーシャルメディアのつながりはどのように変化してきましたか？

北野 人々が会話できる場所としてのソーシャルメディア、特にTwitterを利用し、会話を起こすことと今までリーチできなかったファン層に情報を届けることを意識されることが増えた印象があります。人々が会話できる場所としてのソーシャルメディア、特にTwitterを利用し、会話を起こすことと今までリーチできなかったファン層に情報を届けることを意

識されることが増えた印象があります。JリーグやBリーグなどでシーズンやイベント単位でどういったコンテンツを配信していけば良いか議論しています。それだけでなく、ファンが普段は見られないシーンのツイートをアドバイスしています。

―― **普段は見られないシーン、気になりますね。具体的にはどういったものでしょうか?**

北野 我々はこれを「Behind the Scene」と呼んでいます。具体的には、試合前のウォーミングアップや試合後のロッカールームでの一幕などが挙げられます。一般のメディアでは試合しか放送されないので、試合の前後もファンに知ってもらうことでスポーツの価値を高められればと考えています。

また、アスリート自身の価値を最大限高められるような支援も行っています。

アスリートとSNS

□アスリートとTwitterの相性

——フォーカスを絞り、アスリートとソーシャルメディアとくにTwitterの相性はどう感じていますか?

北野 ポイントは会話ができることでファンとのエンゲージメントを深いものに、関係性を構築できる点にあると考えます。実際、マクロミルのインターネット調査では、Twitter上で選手と会話したことのあるファンで親近感が湧いたなと回答したユーザーは9割近くにのぼったこともあります。それだけでなく、すでにスポーツのイベント(試合、大会)に合わせてリアルタイムでファン同士で会話が生まれています。

——試合観戦中はツイートしたくなりますね。

北野 試合のシーンに合せて生まれた会話、特に、試合後にアスリートがツイートを出すことで会話が増幅して、より大きなものになっています。

これを増幅させるポイントはアスリート本人のツイートにほかならないと感じています。

たとえば試合後にツイートを発信することなど、決まった時間・タイミングでツイートすることが増えてきています。これは、自身で「ニュース

サイクル*」をつくるという意味でもとても大事なことだと見ています。

──**試合後のツイート、僕も楽しみに待っている選手がいます。**

北野　現実の世界では試合会場や海外に行かなければアスリートと触れ合うことはできませんが、Twitterを使えば世界中のファンとリアルタイムに触れ合うことができます。海外の選手は上手に活用しているように感じますが、日本のアスリートはまだファンとオープンに触れ合うことに少し抵抗があるように感じます。失言や炎上などのリスクを感じていることはもちろん、伝統的に日本のアスリートとファンの関係性にも理由があるように感じています。

──**日本ではアスリートをアイドルのように扱っているように感じます。**

北野　海外ではその関係性が異なると感じました。長澤和輝選手（@nagasaman1216）を例に挙げると、彼はケルン時代に英語学校に通っていました。密室で講師とのマンツーマン授業ではなく、街中のカフェなどで現地の子供たちと一緒に授業を受けていました。これは日本では見られない光景かな、と思いました。

──**日本では想像できませんね……。**

北野　日本でもこのように地域の人々と接して覚えてもらえれば良いですが、なかなか難しいと感じます。そのため、日本で活躍するアスリートは自身でファンに向けてを発信することで良い関係を築き上げていけると信じています。

> **コラム：ニュースサイクル＊のつくり方**
>
> ニュースサイクルを作るとは、定期的に自分自身についてツイートをすることを指します。普段の競技生活の中で考えていること、自身の試合・大会に関する情報やプライベートな話題を出し、ファンとの結び付きを深めることが大事です。メディアに取り上げてもらうことも重要な要素ですが、自らファンに直接「何か」を発信していく事が Twitter 活用のポイントだと思います。

□ フォロワーは増やすべきか

—— Twitter を活用していく中で、アスリートにおいてフォロワーを増やすメリットはありますか？

北野 Twitter におけるフォロワーは、メルマガの読者と同様のものだと見ています。フォロワーを増やすことはファンベースをつくることと同じことだともいえます。

—— **フォロワーはファンベースとなる。**

北野 当たり前ですが、100 人のフォロワーをもつ A 選手より、10,000 人のフォロワーをもつ B 選手の方が、情報を届ける母数が多いとはいえます。ただフォロワーが多ければ多いほど良いとは思っていませんが、たった一つの発信でより多くの方に自身の情報を届けられる方が良いと思っています。これは、プロフェッショナルなアスリート自身

の発信後に広がるクチコミの効果を考えても明確だと思います。

――日本のスポーツチームもアスリートのフォロワー数などを意識するようになってきたと思います。

北野 そうですね、最近はフォロワー数だけでなく、Twitter にある指標のインプレッション（ツイートの表示回数）も重要視されるようになってきたと思います。

サッカーの長友佑都選手（@YutoNagatomo5）を例に挙げると、「#長友ドリーム」のインプレッションにはとても驚きました。1 ツイートに対して 2,600 万弱のインプレッションが発生していました。これは、長友選手の人格やキャリアも影響していると思いますが、やはりフォロワーが 160 万人いる彼だからこそ発生した現象だと感じます。このことからも、フォロワーが 100 人よりも 10,000 人いた方が自身が何かを発信するときにはファンがアスリートの助けになってくれると考えています。

https://twitter.com/YutoNagatomo5/status/1141660911943352320

──クラブや企業とアスリートで同様のフォロワー数、同様のツイートをすると同じインプレッションが発生すると思いますか？　また、届ける力も同様のものになりますか？

北野　数字上は届ける力は同じものになると思いますが、アスリートは人格がありより共感を呼び起こせるので次元が異なると思います。それを企業も感じているため、アスリートとスポンサー契約をしているのではないでしょうか。今後も企業の前面にアスリートが立つことは続くとみています。

──クラブが今後、アスリートのソーシャルメディア活用を推していく流れがくると思いますか？

北野　クラブの側面から見ると、本業のスポーツで結果を出すことが最優先事項だと思います。それでも最近は、アスリートにも情報を発信してもらってファンベースをつくっていく必要性をクラブが認識しだしていると感じられるので、少しずつアスリートにも発信を手助けしてもらう流れが来ています。

──いままでは所属選手にソーシャルメディアの使用を禁止していたスポーツクラブが最近になって解禁したお話はよく耳にします。

北野　海外ではこの流れが顕著で、過去にドイツ・ブンデスリーガのサッカーチームのマーケティング責任者の方とお話した際に、アスリートの発信力を強く意識していることを感じました。お会いすると必ず当時在籍していた日本人選手のフォロワー数が話題になりました。当時百何十万人だった日本人選手に対して、同時期に在籍していたドイツ代表選手は 800 万人ほどフォロワーがいました。

──**ファンベースで考えると差が顕著ですね。**

北野　欧州では 3-4 年前から感じていましたが、アスリートはピッチ上の活躍はもちろんのこと、フォロワー数（リアルなファンベース）の多さやインプレッション数も価値に含まれてくる時代になっています。スポーツブランドがアスリートと契約する際にも一つの指標になり始めています。

──**フォロワー数を増やしていく流れがプロフェッショナルなアスリートの間でも広がって欲しいと感じています。クラブもそれをサポートする流れがくることを願っています。アスリートがフォロワーを増やす施策にはどんなものが優れていると思いますか？**

北野　アスリートが動画ツイートや Periscope によるライブ配信を行う機会が増えてきており、これにはアスリートならではの価値があると見ています。Twitter としては、フォロワーが多く動画を頻繁にツイートされている、第一線で活躍しているアスリートとは動画広告事業を一部ですがスタートしています。Twitter ＝ブランディング、広報としての活用だけではなく、収入を得る場所としても活用いただきたいと思っています。

──**個人的にはアスリートの SNS は武器になると感じています。**

北野　Twitter で考えるとフォロワー数はファンベースに繋がり、発信の場もつくれるので、アスリートの価値を高めるための武器になると思います。アスリートだけでなくクラブも Twitter を活用してファンベースをつくっていくことで価値を高めていく必要があると思います。

アスリートのTwitter活用術

□アスリートがTwitterで発信すべき内容

——アスリートがTwitterを使う上でのコツはどこにあると見ていますか?

北野 多くの方に情報を届けるためにはテキストよりも写真、写真よりも動画を利用することが多くの方に情報を届けられると感じています。動画にフォーカスすると、ファンが普段見ることができないような「Behind the Scene」を公開することをお勧めします。ピッチ上から離れ、普段はどんなことをしているか(普段の食事の作り方、試合に臨む前でのルーチンなど)を届けることで大きな反響を与えられると感じています。

——ファンにはたまらない情報ですね。

北野 また、海外で活躍する選手にあっては、発信する言語も重要になってくると思います。本田圭佑選手や長友佑都選手はとても上手に活用していて、在籍する現地の言語でも発信しているため、日本だけでなく現地のファンベースも築けているように見えます。

——クラブ単位で見た際の運用アドバイスはありますか?

北野 Behind the scene 以外でも、たとえば最寄駅から試合会場ま

でのバスの待ち時間、試合会場のトイレの混雑具合など、リアルタイムでファンに必要な情報を発信していく必要もあると感じています。

――現地観戦時にはとても嬉しい情報ですね。

□ツイートのタイミング

――アスリートがツイートするタイミングとして、成功する法則はありますか?

北野 これといった法則はありません。発信したいと思ったタイミングにツイートすれば良いと感じています。ただしTwitterはリアルタイムな場所ですので、出来るだけ情報は新鮮なうちにツイートすることが大事だと思います。限定的になってしまいますが、リハビリ中の選手はリハビリ状況を発信することでファンに現状を届けられるので、積極的に活用した方が良いと感じています。

ただ、所属するクラブの試合前後のツイートには注意する必要があると感じています。ありがちな炎上例は、所属するクラブの試合中に、その試合を欠場した選手が楽しそうなプライベートなツイートをする……。

チームメイトにもファンにも悪影響を与えかねないので、試合前後のタイミングは注意してツイートした方が良いと感じています。

――アーセナルに所属するエジル選手はおおよそ試合終了3分後に感想などをツイートし、「ニュースサイクル」をつくっているように感じます。

□炎上がどこで生まれるか

――海外のサッカークラブでは自身のツイートが原因ではなく、プライベート写真（たとえば敗れた試合後のナイトクラブで騒ぐ）をファンに撮られることで炎上することもあるように感じます。自身の発信以外で炎上することを防ぐ術はありますか？

北野 最近は一般の方であっても炎上することもあるので、炎上を防ぐためや自身の意見を発信するためにもアカウントを取得することは必要になってきていると感じています。

□マイナー競技や競技カテゴリーが低いアスリートのTwitter運用について

――マイナー競技や競技カテゴリーが低いアスリートの方がソーシャルメディアへの関心が高いように感じられます。そういったアスリートの方々に運用面でのアドバイスはありますか？

北野 自身の「ニュースサイクル」をつくり、メディアに取り上げられることを待つのではなく、自身で発信する場をつくることが大事だと感じています。三浦優希選手（@yukimiura36）が例に挙げられると思います。日本ではプロリーグがない、取り上げられることがないアイスホッケーのようなスポーツにおいて、彼のように普段の練習風景、生活風景を発信することはとても良いことだと感じられます。これも個人が行うだけでなく、チーム単位、リーグ単位で運用し、場を大きくしていく必要があると思います。

https://twitter.com/yukimiura36/status/1171992419430219776

https://twitter.com/yukimiura36/status/1170902283053359104

□スポーツ以外の他領域から学ぶTwitter活用術

――アスリートの視点でTwitter活用を考えた際に、スポーツ以外の他領域から学ぶべきことはありますか?

北野　デジタルクリエイターの皆様から学ぶべきことは多いと感じます。自らコンテンツを考案し、定期的に発信していくという取り組みは「ニュースサイクル」をつくることに繋がります。露出を増やすことはアスリートの価値を高められるので、学ぶことは多いように感じます。ダルビッシュ選手は上手に取り組みだしているように感じられます。万人に容易に伝わる解説動画はほかのアスリートも参考にすべきかもしれません。

□Twitterで今はできないこと、これからできるようにしたいこと

――今はTwitterではできないが、今後できるようにしたいことはありますか?

北野　アスリートが、テレビ番組のような独自のTwitter上でライブ番組をつくれるようにしていけたら感じています。これは、アスリートにも相性が良いものなので、取り組んでいきたいと思っています。

<了>

あとがき

　引退後も含めたキャリアに繋がるアスリートのスモールステップを模索していた時から、活用余地が大きいソーシャルメディアに着目するようになりました。
　ソーシャルメディアは引退後の人生に持ち運び可能なパーソナルメディアとしての性質を持つことから、アスリートにとっては現役時代の知名度・影響力をフックに自らの価値を高めつつ、それを蓄えておける資産となります。一定以上のフォロワーを抱え、エンゲージメントが高いアカウントを持つアスリートの引退後のキャリアは、これまでよりも幾分有利なものになると見込んでいます。
　また、アスリートが競技力以外の部分も含めて評価されるようになったことで、アスリートの価値とソーシャルメディア活用が直接結びつく時代になりました。
　このことをポジティブに捉えれば、どの競技・カテゴリーのアスリートでもチャンスを掴める時代がやってきたということです。これから先、新しいアスリート像が生まれてくることが楽しみで仕方ありません。
　本を読んで分からなかった点や相談したい内容があるアスリートの皆様は、僕の Twitter アカウントへ是非 DM をお送りください。協会・クラブ関係者、指導者や学生の皆さんも、もちろん OK です。
　Twitter ID：@gokaken1
　改めまして、本書に関わってくださった制作チームの皆様、事例掲載にご協力いただいたアスリートおよび関係者の皆様、本当にありがとうございました。出版まで完走できたのも、ひとえに皆様のおかげです。
　最後までお読みいただき、ありがとうございました。

五勝出 拳一

五勝出くんより依頼を受けこの書籍に関わることになりました。また私の章のブックライターは澤山さんが担当してくださり、感謝しております。
　アスリートだけではなくても参考になる書籍に仕上がっておりますので、一人でも多くの方に届いてくれることを願っています。
　Twitter ID：@yutaiitaka

飯髙 悠太

　私は実際にJリーグクラブの「中の人」でもあり、実際に選手の生の声を聞く立場でもありますが、選手からはよく「SNSを活用したいのだけど何を発信すれば良いか分からない」「使ったほうがいいとは思うけど炎上が怖い」といった声を聞いていました。本書がそういった「悩めるアスリート」の指針になる本になったら良いなと思っております。
　Twitter ID：@etomiho

江藤 美帆

　特に五勝出さん&とりまとめを担った甲斐さんはいろいろ大変だったと思いますが、苦労の甲斐あって素晴らしい書籍になりました。お疲れさまでした！
　Twitter ID：@diceK_sawayama

澤山モッツァレラ

　五勝出くんから「本を出すからプロジェクトチームに入って欲しい」と言われてから、出版までは本当に長い期間でした。百戦錬磨の著者陣の協力あっての本書ですが、なによりも五勝出くんの想いありきで始まったことは言わずもがなです。この本がアスリートにとって今後欠かせない本となることを願ってます。
　Twitter ID：@Kai_MSYK

甲斐 雅之

協力	STAFF
jigen_1(@Kloutter) Twitter Japan 北野 達也(@TatsuyaKitano) 柏のひと(@KashiwaOwner)	ブックデザイン：石川 健太郎 DTP：園田 省吾 担当：畠山 龍次

アスリートのための
ソーシャルメディア
活用術

2019年12月27日 初版第1刷発行

著者
五勝出 拳一（こかつで けんいち）、飯髙 悠太（いいたか ゆうた）、江藤 美帆（えとう みほ）

編集
澤山モッツァレラ（さわやま）、甲斐 雅之（かい まさゆき）

発行者
滝口 直樹

発行所
株式会社マイナビ出版
〒101-0003　東京都千代田区一ツ橋 2-6-3　一ツ橋ビル 2F
TEL：0480-38-6872（注文専用ダイヤル）
TEL：03-3556-2731（販売）
TEL：03-3556-2736（編集）
E-Mail：pc-books@mynavi.jp
URL：https://book.mynavi.jp

印刷・製本
シナノ印刷株式会社

©2019 五勝出 拳一、飯髙 悠太、江藤 美帆、澤山モッツァレラ、甲斐雅之、
Printed in Japan
ISBN978-4-8399-6933-2

＊定価はカバーに記載してあります。
＊乱丁・落丁についてのお問い合わせは、TEL：0480-38-6872（注文専用ダイヤル）、
　電子メール：sas@mynavi.jpまでお願いいたします。
＊本書は著作権法上の保護を受けています。本書の無断複写・複製(コピー、スキャン、
　デジタル化等)は、著作権法上の例外を除き、禁じられています。